贵州大球盖菇
产业发展及栽培技术

张朝君　刘　炼　孙长青　主编

中国农业科学技术出版社

图书在版编目（CIP）数据

贵州大球盖菇产业发展及栽培技术 / 张朝君，刘炼，孙长青主编.--北京：中国农业科学技术出版社，2023.11

ISBN 978-7-5116-6496-9

Ⅰ.①贵…　Ⅱ.①张…②刘…③孙…　Ⅲ.①食用菌类－蔬菜园艺　Ⅳ.①S646

中国国家版本馆CIP数据核字（2023）第 209011 号

责任编辑　周丽丽
责任校对　李向荣
责任印制　姜义伟　王思文

出 版 者　中国农业科学技术出版社
　　　　　北京市中关村南大街 12 号　　邮编：100081
电　　话　（010）82106638（编辑室）　　（010）82109702（发行部）
　　　　　（010）82109709（读者服务部）
网　　址　https:// castp.caas.cn
经 销 者　各地新华书店
印 刷 者　北京建宏印刷有限公司
开　　本　185 mm × 260 mm　1/16
印　　张　14.25
字　　数　312 千字
版　　次　2023 年 11 月第 1 版　　2023 年 11 月第 1 次印刷
定　　价　128.00 元

《贵州大球盖菇产业发展及栽培技术》
编 委 会

主　　编　张朝君（贵州省园艺研究所）

　　　　　刘　炼（贵州省园艺研究所）

　　　　　孙长青（贵州省农业科技信息研究所）

参编人员（以姓氏拼音为序）

　　　　　陈之林（贵州省园艺研究所）

　　　　　黎瑞君（贵州省农业科技信息研究所）

　　　　　李　飞（贵州省园艺研究所）

　　　　　李裕荣（贵州省园艺研究所）

　　　　　文林宏（贵州省园艺研究所）

　　　　　赵　宁（贵州省园艺研究所）

前　言

中国是世界上记述食、药用菌最多的国家，也是菌类物种最为丰富的国家之一。我国领土辽阔，地形复杂，各地距海远近差异很大，形成了气候复杂多样的特点，是菌类良好的滋生地，孕育着丰富的食用菌资源。食用菌成为中国农业中一个重要产业，已超过茶业与桑蚕业，是种植业中仅次于粮、棉、油、菜、果的第六大类产品。多年来，食用菌产业在农业增收、财政增长、企业增效，农业产业结构调整及解决农村剩余劳动力的就业问题等方面发挥了重要作用。

大球盖菇（*Stropharia rugosoannulata*）是国际菇类交易市场十大菇类之一，也是联合国粮食及农业组织（FAO）向发展中国家推荐栽培的食用菌之一。大球盖菇鲜菇肉质细嫩，营养丰富，有野生菇的清香味，口感极好；干菇味香浓，可与香菇媲美，有"山林珍品"之美誉，深受消费者欢迎。大球盖菇具有很强的抗杂性和抗逆性，栽培管理较为粗放、无需化肥农药，可有效控制和降低农业面源污染，有利于保持土地的生态可持续利用。同时，其培养料来源丰富，就地种菌，可实现各种农作物废料（秸秆、稻草、木屑、玉米芯等）生料栽培，并且采收后的废菌渣可还田增加有机质，改善土壤肥力，减少资源浪费、环境污染、木材使用、大棚等设施投入，具有良好的经济、生态和社会效益。

贵州具有较好的立体山地气候和生态资源优势，境内小气候环境众多，具有发展大球盖菇产业的极佳条件。近年来，贵州大力发展食用菌产业，可因地制宜形成全年栽培的大球盖菇产业布局。

为了较系统介绍目前贵州大球盖菇产业发展及栽培的研究，根据编者承担的贵州省科技支撑计划、贵州省农业农村厅项目、贵阳市科技计划等有关贵州大球盖菇产业发展及栽培研究的项目，结合在生产应用中积累的经验及已搜集的国内外食用菌、大球盖菇产业和栽培技术资料，形成了《贵州大球盖菇产业发展及栽培技术》一书。本书概要介绍了食用菌，大球盖菇产业发展概述，贵州发展大球盖菇产业的优势及短板，大球盖菇菌种生产、栽培技术、病虫害防治、生产模式及种植实例、加工，供相关部门、有关人员参考。

本书共分8章和12个附录，其中张朝君主要编写了第三、第五、第七、第八章和附录8、附录9、附录10、附录11、附录12（约160千字），刘炼主要编写了第二、第四、第六章（约77千字），孙长青主要编写了第一章和附录1、附录2、附录3、附录4、附录5、附录6、附录7（约75千字）。全书由张朝君统稿完成。

本书的编写得到了各位编者、同事和广州科博农业技术研究院的大力支持和帮助；得到了"园艺植物基因库创新平台建设及利用""贵州山区菜菌轮作全年高效栽培模式研究及示范""特色经济植物规模化种植""贵阳市'家庭园艺'模式研究与展示"等项目的资助。同时，本书引用了不少专家、学者及同行们的研究成果、经验，虽然列出了参考文献，但难免有所遗漏。在此一并表示诚挚的感谢！

由于编者水平有限，书中的错漏在所难免，敬请读者批评指正。

编 者

2023年8月

目　录

第一章

食用菌

第一节　食用菌产业在大农业生产中的地位和作用

中国是世界上具体记述食、药用菌最多的国家，也是菌类物种最为丰富的国家之一。我国领土辽阔，地形复杂，各地距海远近差异很大，形成了气候复杂多样的特点，是菌类良好的滋生地，孕育着丰富的食用菌资源。目前，我国已知食用菌近950种，其中人工栽培和菌丝体发酵培养约100种，药用蕈菌及试验有效的500种，按照Hawk Worth提出的估计方法估计，我国蕈菌可估计为13 000种，占全球估计数9%，食用蕈菌约为6 500种。

食用菌成为中国农业中一个重要产业，已超过茶业与桑蚕业，是种植业中仅次于粮、棉、油、菜、果的第六大类产品。多年来，食用菌产业在当地农业增收、财政增长、企业增效，农业产业结构调整及解决农村剩余劳动力的就业问题等方面发挥了重要作用。据统计，2002年全国食用菌总产量达876万t，占世界总产量的65%以上，产值达400多亿元，出口创汇5亿多美元，出口量占亚洲出口总量的80%以上，占全球贸易量的40%。

有专家把食用菌产业比喻成大农业的"垃圾处理场"，意思是说，食用菌生产能科学有效地利用农业、林业、畜牧业产生的秸秆、枝条木屑、畜禽粪便等"垃圾"，这个比喻很贴切。据统计，我国农作物秸秆（禾谷类、豆科类、锦葵类）积累量约3.7亿t，林副产品数量上亿吨。除用于机械还田、腐熟还田、过腹还田、秸秆气化和

1

工业原料外，每年仍有超过2 000万t以粗纤维的形式存在，任其在大自然中自生自灭，造成污染环境、占用土地、影响交通等问题，甚至引发火灾。从物质和能量的利用角度看，农作物在生长过程中吸收了光、热、水、肥、气，所积累的光合产物却有75%～90%是不能被人体直接利用的秸秆和糠壳。这显然是一种生态的恶性循环与能源的极大浪费。而食用菌生产正是将这些"垃圾"按照科学的配方组合起来，利用食用菌菌丝体与纤维酶的协同作用，将农作物秸秆中的纤维素、半纤维素、木质素等顺利地分解成葡萄糖等小分子化合物，在自然界中起到降解作用，并将碳源转化成碳水化合物，氮源转化成氨基酸，生产出集"美味、营养、保健、绿色"于一体的食用菌产品，使高蛋白有机物进入新的食物链。分解后的废料施入大田后，可大大提高地力，增加土壤腐殖质的形成，改善土壤理化结构，提高土壤持水保肥能力。同时，这些废弃的培养料因含有大量蘑菇菌丝体，散发着浓郁的蘑菇香味，营养丰富，经处理后可作为畜禽的饲料添加剂，还可用来培养甲烷细菌产生沼气，用来养殖蚯蚓，蚯蚓又可作为家禽的饲料、鱼、虾的饵料，家禽的粪便又可栽培食用菌，进入了新的生物循环（图1-1）。这样，有了食用菌这一环节，便形成了一个多层次搭配、多环节相扣、多梯级循环、多层次增值、多效益统一的物质和能量体系，构成了食物链和生态链的良性循环。如每年发展双孢菇棚1万个，每棚实用面积为200 m²，就能使1万个家庭脱贫致富，可消耗废弃秸秆约1亿kg，解决2万余人的劳动就业问题，总产值可达7 000万元，而且生产完双孢菇后的废料还田后，可节省复合肥1 500余吨，使每千克秸秆增值10倍以上。这充分说明了食用菌产业在废物利用、资源开发、环境保护及农业可持续发展等方面的重要地位和作用。

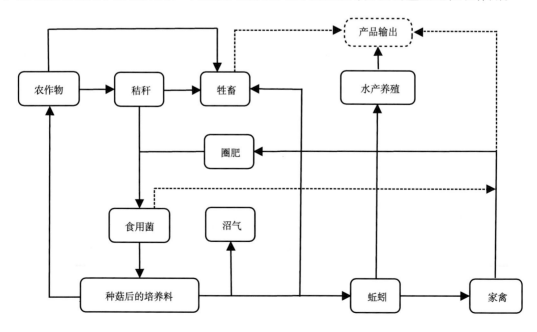

图1-1 食用菌在农业产业链中的地位和作用

因此，食用菌产业是生态农业的典范。不仅如此，由于食用菌生产过程中需水量很少，又是典型的节水农业；由于它投资少、见效快、风险小、效益高，技术简单、管理方便、栽培场所灵活，不与农争时、不与人争粮、不与粮争地、不与地争肥，又是一种高效农业。此外，由于食用菌具有"劳动密集型"和"资源密集型"的行业优势及"美味、保健、绿色、安全"的产品特点，在国外被誉为"植物性食品的顶峰"，我国的食用菌产品在国际上具有很强的市场竞争力。因此，它又是一种创汇农业。

第二节　食用菌无公害生产

一、无公害食用菌高质量生产

（一）无公害食用菌

按照我国有关无公害食品的要求和规定，无公害食品生产有三大类技术标准，即产地环境条件、过程技术保证和产品质量标准。对产地环境条件和过程技术的要求，不但要确保产品达到无公害标准，还要求在实施过程中对环境无害，对环境生物无害，就是说，无公害食用菌不仅只针对产品，还涵盖产地环境、生产技术规程和产品卫生要求的整个体系。从要求的严格程度上讲，无公害较绿色、有机两类产品的要求宽松得多，达到无公害标准实际上只是取得了进入市场的准入证。从这个意义上说，无公害食品要求是最低要求。就无公害食用菌的要求来说，只要栽培基质中不添加成分不明的添加剂和食用菌禁用农药，栽培过程中按我国农药使用准则规范合理使用农药，使用符合《土壤环境质量农用地土壤污染风险管控标准（试行）》（GB 15618—2018）中规定的污染物含量等于或者低于污染风险筛选值的农用地土壤作覆土材料和符合生活饮用水标准的水源，适时采收，采用适当方法保鲜和储运，相应要求的标准是完全可以达到的。

（二）优质食用菌

评价食品的质量首要的一条是营养价值，食用菌多作为蔬菜，在这个意义上，评价食用菌的质量，首先也应考虑食用菌的营养价值，除营养价值外，还应考虑包括口感、风味和外观等特性，同时必须符合食品卫生要求。优质食用菌应该具备以下特征。

1. 具有食用菌固有的营养价值

众所周知，食用菌是高蛋白、低脂肪，富含多种矿物质、维生素和膳食纤维的营养食品。这是食用菌自身固有的特性，但是当栽培或采收储存不当时，其营养价值会降低。如采收前大量喷水的菇蛋白质含量大大降低，采收过熟的菇，其蛋白质、必需脂肪酸和维生素含量都大大下降，营养价值大减。

2. 具有食用菌固有的口感和风味

食用菌口感滑润清脆，风味独特。然而，栽培技术不当、采收不当或储存不当，都会改变其质地和风味，甚至导致食用价值降低或丧失。如误用了槐树根种植的菇时，其菇体有一种令人厌恶的异味；用纯棉籽壳栽培的香菇风味远不及木屑；采收过晚，菇体纤维化增加，口感变差，风味大减；储存不当或时间过长，多数食用菌都会产生异味，口感和风味都不同程度地变差。

3. 符合国家食品卫生安全标准

任何食品，不论食用价值多高，从理化指标上，前提条件是对人体有害的物质必须在食品卫生规定的限量值之内，即必须是安全的。离开这一点，营养价值、食用价值都无从谈起。评价食品的食用安全性，检测项目主要有下列三大类。

（1）杀虫剂

主要是有机氯、有机磷和菊酯类等。

（2）杀菌剂

主要有多菌灵、百菌清、甲醛等。

（3）重金属

主要元素有砷、铅、汞、镉等。

按照食用菌栽培技术规程进行规范化生产的食用菌，可完全符合食品卫生和安全标准。但是，由于食用菌在发菌期是封闭生长且子实体具有较强的吸水性和吸附性，一旦违反栽培技术规程，农药残留问题将较绿色植物严重得多。因此，食用菌培养料中添加剂的使用、栽培期的病虫害防治、保鲜加工过程中化学药剂的使用，都要十分谨慎，都要严格按照技术规范进行。

目前，我国涉及食用菌产品安全卫生的标准还不多，《食品安全国家标准 食用菌及其制品》（GB 7096—2014）及《食品安全国家标准 食品中污染物限量》（GB 2762—2022）对食用菌的铅、镉、汞、砷的限量都作了明确规定（表1-1）。《食品安全国家标准 食用菌及其制品》（GB 7096—2014）及《食品安全国家标准 食品中农药最大残留限量标准》（GB 2763—2021）对食用菌中农药最大残留限量标准作了明确规定。

表1-1 污染物限量

单位：mg/kg

污染物	限量			
铅（以Pb计）≤	食用菌及其制品（双孢菇、平菇、香菇、榛蘑、牛肝菌、松茸、松露、青头菌、鸡枞、鸡油菌、多汁乳菇、木耳、银耳及以上食用菌的制品除外）	双孢菇、平菇、香菇、榛蘑鲜食用菌及以上食用菌的制品	牛肝菌、松茸、松露、青头菌、鸡枞、鸡油菌、多汁乳菇及以上食用菌的制品	木耳及其制品、银耳及其制品
	0.5	0.3	1.0	1.0（干重计）
镉（以Cd计）≤	食用菌及其制品（香菇、羊肚菌、獐头菌、青头菌、鸡油菌、榛蘑、松茸、牛肝菌、鸡枞、多汁乳菇、松露、姬松茸、木耳、银耳及以上食用菌的制品除外）	香菇及其制品	羊肚菌、獐头菌、青头菌、鸡油菌、榛蘑及以上食用菌的制品	松茸、牛肝菌、鸡枞、多汁乳菇及以上食用菌的制品	松露、姬松茸及以上食用菌的制品	木耳及其制品、银耳及其制品
	0.2	0.5	0.6	1.0	2.0	0.5（干重计）
汞（以Hg计）≤	食用菌及其制品（木耳及其制品、银耳及其制品除外）		木耳及其制品、银耳及其制品	
	0.1		0.1（干重计）	
无机砷（以As计）≤	食用菌及其制品（松茸及其制品、木耳及其制品、银耳及其制品除外）	松茸及其制品	木耳及其制品、银耳及其制品	
	0.5	0.8	0.5（干重计）	

4.具有食用菌特有的外观

不同种类的食用菌都有其特定的外观，这包括形态、色泽、圆整度等。其外观受品种（产前）和栽培技术（产中）的影响，也受采后（产后）处理技术的影响。

（三）高效生产

1.高效生产的基本概念

高效生产从经济学上划分有两大基本内涵：其一是指产出投入比的高低，产出投入比越高，效益越高；其二是指规模效益，将产出投入比放在次要位置。不同的市场需求使生产者采用不同的经济效益模式达到高效生产。例如，栽培香菇、双孢蘑菇、黑木耳、平菇等大宗产品的食用菌，产量多，市场需求的绝对量也大，但由于价格平稳，产出投入比相对较白灵侧耳、杏鲍菇、杨树菇等珍稀种类低得多，栽培者则以规模生产获得效益；百灵侧耳等珍稀种类由于产量少栽培难度较大，虽市场需求量远远小于香菇等大宗产品，但价格较高，产出投入比远远高于香菇等大宗产品，栽培者则以产出投入比高，即利润高获得效益。

这两类效益模式在一定时间和空间内又是紧密关联、相互制约的。在规模一定的情况下，产出投入比越高，效益越高，但生产规模越接近或超过市场需求，产品相对过剩，价格下降，产出投入比下降。任何种类的产品，多以新品种利润率高，即产出投入比高。食用菌也不例外，如1995—1999年鲜白灵侧耳收购价在36～42元/kg，由于产量低，且为农业式季节生产，这期间的5—6月收购价高达50～70元/kg。2000年以后，白灵侧耳栽培面积迅速扩大，设施栽培也取得了较大的进展，2001年白灵侧耳收购价降至12～36元/kg，但2001年与1995—1999年生产成本没有显著的差别。随着经济的发展和科学技术的进步，高利润率的生产必然要向规模效益生产发展，这是不以人的意志为转移的。任何食用菌都将逐渐成为百姓餐桌上的食品。食用菌产业发展的最终目标是让普通消费者都吃得起，提高人类健康水平，而不是成为少数人的奢侈品。因此，食用菌生产者应尽早从追求过高回报的不现实的愿望中走出来，向规模生产要效益、向技术要效益，向质量要效益。

2. 影响效益的主要因素

总体说来影响效益的因素主要是两个，也就是生产的成本和售价。但是，这两大因素又都受到诸多具体因素的影响。

（1）生产成本

食用菌的生产成本涉及因素主要有消耗性原料和材料、能耗、过程成本、运输成本、人工费、固定设施折旧费、管理成本等。不同地区各项成本所占比例不同，不同的栽培方式和技术路线等因素导致生产成本也不相同。

①消耗性原料和材料。消耗性原料主要指生产用的各种培养料，如木屑、棉籽壳、麦麸、石膏等；消耗性材料主要指各种包装物、容器等，如玻璃瓶、塑料袋、塑料薄膜等。在选择栽培种类时，生产原料来源是否方便可靠是重要因素。如平原地区应选择以秸秆皮壳为主要原料的栽培种类，如平菇、双孢蘑菇、金针菇等；林区则应选择适宜以木屑为主要原料的栽培种类，如黑木耳、毛木耳、香菇等。生产食用菌的消耗性原料都是农林副产品，价格低廉，但若不能就地取材，则运输成本大增，导致生产成本增加。生产食用菌用的消耗性材料多为工业化生产，不同地区间虽有一定差异，但差别不大，但不同厂家的产品质量相差悬殊，特别是塑料袋，切勿贪图便宜使用次品。初次生产食用菌的栽培者，有相当比例是因为使用了不合格的塑料袋而造成高比例的污染，使

生产成本大大提高，甚至赔本。就经验而言，一般食用菌主产区的塑料袋品质较好，价格公道，如福建古田、浙江庆元等地。

②能耗。多数食用菌都需灭菌，进行熟料栽培，因此，构成食用菌能耗成本的主要是热能。欲节约能耗，需要合理选择使用灭菌器械和热源，科学设计灭菌灶炉，并实行培养料发酵预处理，采用这一技术可有效地缩短灭菌时间，节约能源。

③过程成本。食用菌生产是劳动密集型产业，从生产一开始到产出成品，其时间间隔较工业生产周期长得多。过程成本的可塑性较强，减少过程，简化过程，可有效地提高成品率，增加效益。如拌料后的分装至接种这一过程中，可有不同的操作过程和环节。例如分类后灭菌过程：一种采取分装后直接入筐，整筐灭菌、冷却和接种的过程；另一种采取分装后散放，分散搬运，逐个码放灭菌，灭菌后逐个拣出搬入冷却室，冷却后再逐个装入容器搬入接种室接种，这样过程的时间大大增加，劳动效率降低，过程成本大增。食用菌生产的过程成本主要在于物品的传递和转移，应尽量减少。

④运输成本。这里的运输成本主要指产品到市场的运输成本。不同的产品形式，不同品种，不同的市场距离，运输成本大不相同。相对而言，干品运输成本低，鲜品运输成本高，耐储藏、耐运输的品种运输成本低，相反则高，如鲜草菇难以低温储存，采后生理活性又强，需要每天采收2～3次并及时送往市场，运输成本就高于其他鲜销种类。

⑤人工费。我国食用菌生产一直以手工操作为主，降低劳工成本主要通过技术路线合理、设备设施及场所配套合理、器械和用具适宜、劳动者技术熟练、行之有效的管理等途径实现。

⑥固定设施折旧费。固定设施包括厂房、菇房（棚）、室内场地、基本建设投资等。

⑦管理成本。作为企业规模化生产，管理成本在总成本中占有一定比例，管理水平越高的企业管理成本比例越低。我国食用菌企业一般都规模小，管理经验不足。规模越小，管理成本越高。我国食用菌企业的管理水平亟待提高。

（2）销售价格

不同层面的市场售价不同，总体来说零售市场是产品的最终市场。但是，作为生产者，除小农式庭院生产外，均做不到完全直接零售，绝大多数生产者只能以批发价销售，做不到以零售价销售。不论批发还是零售，相同的品种，相同的品质，售价也不尽相同，影响售价的主要因素有以下几点。

①市场层面。不同市场层面，对产品的要求不同，包括品质和数量，比如金针菇，如果直接销往宾馆，要求白色柄长12 cm、整齐均匀、日供货或隔日供货，数量稳定，且周年供货，价格高达20～40元/kg，农业式的生产做不到这种供货要求。如果销往普通菜市场，对品质的要求较低，数量上也无严格限制，价格随行就市，一般4～10元/kg，比较适合目前的农业生产。

②供求关系。不同季节食用菌的供求关系不同，由于我国是农业生产，在自然环境条件较适宜的春秋季产品多，而夏冬季产品少，因此这两个季节价格高。如北京市场，春秋季平菇3元/kg左右，夏季和1—2月的严冬季节5～6元/kg。近年栽培技术较好的菇农看准了这一市场变化规律，想方设法夏季降温出菇，冬季增温增产，取得了较好的经济效益。近年来由于食用菌栽培技术的普及，使食用菌栽培遍及全国城乡，有的品种时有销售困难的情况发生。因此生产者要随时了解市场行情、产业发展动态，以防盲目生产，不能获得预期效益。

（3）高质量生产的技术选择

高效生产的经济学原理和途径尽管尽人皆知——降低成本和卖出好价钱，但是，实施起来并不容易，并不简单。食用菌整个产业链的高技术特点，要求生产者和企业管理者不但能精打细算，尽量降低成本，有开拓和驾驭市场的能力，卖出好价钱，更要会分析市场，以市场需求为中心，选择高效生产的技术路线。

不同的市场需求需要不同的技术路线，不同的技术路线是通过不同的设施设备、不同品种、不同栽培模式、不同管理运作等诸多方面来体现的。

①工业化生产。工业化生产是完全不受自然环境条件影响的工厂化、规模化、电控化的周年生产。工业化生产投入资金较多，并且要使用适合其要求的与农业生产条件不同的品种。与农业生产比较，工业化生产投资高、成本高、产量连续稳定、品质优良稳定。就目前我国城乡居民的消费水平而言，由于工业化生产的产品价格相对较高，不适于大众消费，市场消化量有限。就国内市场而言，工业化生产适合面向宾馆和酒店，也更适于栽培农业生产难以栽培的品种。工业化生产的产品应以国际市场为主，做订单生产。

②农业规模集约生产。这种生产以自然环境条件为主，人工调节为辅，通过建造较为适宜的设施满足食用菌生产的需要，常通过不同品种的调节基本上达到周年生产。这种生产多以集约栽培的企业为龙头，栽培面积多在1 hm²以上，园艺设施状态良好，产量和质量相对稳定，生产成本较工业化生产明显降低，在对外出口贸易中有比较明显的价格优势和质量优势，在国内市场也有较强的竞争力。这种生产方式，在设施建造上，需要有适于不同季节出菇的菇房和发菌棚，如在北方要有适于寒冷季节发菌和出菇的日光温室，也要有适于夏季发菌和出菇的荫棚。在使用品种上，要根据不同设施在不同季节的可用性，选择栽培不同的品种，以达到周年产菇。如日光温室可晚秋至春季栽培香菇、平菇、双孢蘑菇、白灵侧耳、杏鲍菇等，晚春至早秋则应以生产高温出菇的品种为主。荫棚的利用则与此不同，秋季至早春可栽培金针菇、杏鲍菇和白灵侧耳，晚春至初秋则栽培平菇、茶树菇和姬松茸较为适宜。这就要求生产者周密计划，妥善安排品种的轮作。

③农业式分散生产。这种生产是以家庭为单位，少则一户100～200 m²的种植面积，多则几千平方米，以自然环境条件为主、人工调节为辅的季节性生产。这种生产的特点是投入少、成本低、利润高、栽培品种比较单一。这种生产方式多就地挖土打墙，建造简易菇棚，就地接种发菌，就地出菇，且栽培体较大，单位栽培体投料量也较大（袋子大、铺料厚），出菇周期长，产量不连续，产量分布不均匀，品质也不够稳定，其产品市场主要为自由市场和收购产品的企业。

综上所述，作为生产经营者，若把产品市场定位在国际市场，而且是越洋贸易，选择工业化生产和规模集约化生产较为适宜；如果将市场定位于国内宾馆饭店和超市，则以规模集约生产更为适宜，如果市场定位于自由市场和收购产品的企业，应尽量降低成本，以分散法生产效益较高。

技术路线与效益的关系实例。北方某企业每年出口鲜香菇订单300 t。1993年，采用小棒架栽夏种秋冬出菇的技术路线，接种和发菌期正值高温高湿季节，菌棒污染率40%左右。小棒架式出菇由于棚内上下温度差别大，下层适温出菇时，上层温度过高又干燥，不能出菇；而上层适温出菇时，下层的温度又不适于出菇，产量很低，相对生物学效率仅50%左右。由于菌棒细，北方干燥保湿困难，增加了浸水次数，也增加了烂棒比例。小棒架式栽培虽然充分利用了棚内空间，但增加了生物密度，北方的冬季通风和保温保湿的矛盾难以解决，由于通风不良菇形不好，出口合格率仅0.2%，一年亏损120万元。翌年改变了这一技术路线，架栽改地面一层栽培，使用春栽迟生品种，接种发菌污染率降至4%以下，小棒改中棒，相对生物学效率提高到90%，出口合格率80%以上，实现利润超百万元。

这里需特别引起注意的是，高效生产没有固定的技术方法，必须以市场需求为中心，在充分调查研究分析的基础上，制订适宜自己实际情况的技术路线并采用适宜的技术措施。

二、无公害优质食用菌生产原理

食用菌是自然界一群特殊生物类群，它不含叶绿素，营腐生、寄生、共生营养方式。子实体具有植物型结构并具有动物性营养，历来被视为"山珍"，其本身是无公害的。但由于工业"三废"的排放，农业上化肥、农药的大量使用，对空气、水源、土壤等环境造成污染。食用菌在这种受污染环境中生长，产品就会有害化，在产品加工过程中，加工设备、加工环境、加工添加物、包装物、储藏环境、运输环境均可能对产品产生污染。

（一）食用菌产品中的污染物及来源

1. 化学物质

除前面所述环境可能造成的污染外，以下操作环节也可能造成食用菌产品的污染。

（1）塑料膜带来的有毒成分

食用菌栽培中的菌袋、覆盖塑料膜、包装用的食品袋、腌制品用的包装桶均为塑料制品，这些塑料制品在制造过程中需要加入增塑剂，增塑剂主要成分以苯酚为原料的邻苯二甲酸酯类，最常用的有邻苯二甲酸辛酯、二异辛酯、二丁酯和二异丁酯4种。若使用含有以上有毒成分的塑料制品，可释放出有毒气体被菌丝或子实体所吸收而造成污染。采用聚乙烯薄膜袋的污染小，包装桶推荐用聚酯（PET）包装桶。

（2）煤炭和木材燃烧引起的污染

在食用菌产品加工中，特别是烘烤加工时常采用煤炭或木材为燃料。燃料燃烧过程，会产生如二氧化硫、萘、木酚、正壬酸等化合物。这些物质若进入子实体，将引起产品有毒物质吸附造成污染。

（3）保鲜剂、添加剂带来的污染

随着食用菌栽培业的发展，以鲜菇出口或内销的产品增加，需要远程运输的产品，为保持产品的鲜度，常需要保鲜处理。保鲜方法除气调保鲜外，有时也采用化学保鲜剂保鲜，如焦亚硫酸钠等，这些试剂会造成子实体硫化物超标。

可导致食用菌产品污染的外加物质还有食品添加剂。有些食品添加剂对保持食品的营养成分和质量是有益的，但有些食品添加剂在添加过程中会与食品产生特殊生理效应，引起中毒；有的会产生化学反应或生化反应生产有毒代谢产物，有的添加剂本身无害，而其中所含杂质成分却能造成严重污染。添加剂品种的日益增多和滥用已成为一种食品公害。任何食品添加剂都必须经过严格的毒理试验才能应用。

（4）加工过程形成的嫌忌成分造成污染

食用菌加工过程中也可能形成嫌忌成分造成对加工产品的污染，如腌制过程形成的亚硝酸盐成分等和保鲜、漂白加入的亚硫酸盐。食用菌产品中亚硝酸盐主要来源于培养基中添加有硝酸盐或亚硝酸盐类的成分或覆土栽培材料选用了大量施用硝酸铵的土壤。亚硫酸盐来源于添加硫酸盐的基质，或来源于保鲜剂及环境中有害气体。

2. 重金属

重金属对人体损害的机理是与蛋白质结合成不溶性盐而使蛋白质变性。人和动物体通过饮食吸收和富集大量重金属，导致中毒症状出现。

（1）镉

镉是食品中最常见的重金属污染种类之一。镉可以在人体内蓄积，引起急性或慢性中毒，形成公害病。镉对肾脏有毒性作用，有害于个体发育，可致癌、致畸形，已被世界卫生组织列为世界"八大公害"之一。食用菌产品中镉的来源主要是栽培环境，包括土壤、水源、空气和栽培基质。对于采用覆土栽培的食用菌，产品中镉的含量来自基质和覆土材料。如姬松茸产品中镉的含量主要来自牛粪、稻草和覆土材料。经分析测定，以牛粪和稻草为培养基，牛粪中含镉的量最多，稻草其次，土壤再次。环境中镉的来源主要是电镀的废液、金属提炼厂的废气、烟雾及含镉的金属容器。

（2）铅

铅对人体危害涉及神经系统、造血器官和肾脏。其污染源主要包括：一是含铅农药施用后在基质上的残留；二是生产环境，主要因土壤、汽车尾气、水质带来铅的污染；三是含铅器皿在食用菌加工、储藏、运输过程中使用也会引起铅的污染。

（3）汞

汞在自然界进入水系后，经过自然生物转化为神经毒素——甲基汞（CH_3-$HgCl$）。它可在人体内积聚，人体汞中毒后的典型症状是感觉障碍、视野缩小、运动失调、听力语言障碍、神智错乱。日本著名的"水俣病"就是汞污染造成的。污染源主要来自含汞的农药和含汞工厂的三废排放。

（4）砷

对人和动物能致癌、致畸、致突变。因其氧化物在人体内的不同量而产生急性、慢性中毒现象。砷的来源主要是某些杀虫剂和饲料添加剂。在食用菌生产中选用麸皮等原料注意不混入有砷的成分，在病虫害防治过程中，避免选用有砷成分的试剂。

3. 病原微生物

病原微生物污染是指在食用菌生产、加工、储运过程中产生有害微生物的污染。这种污染可由生产过程造成，也可由加工过程造成。污染的媒介为水、土壤、空气、操作人员、加工设备、包装物、储存环境等。常见的有害微生物如沙门氏杆菌、大肠杆菌、肠毒素、肝炎病毒等。食用菌产品，除了防止各种化学物质的污染，对有害微生物污染的预防更是刻不容缓。必须按食品加工产品质量标准的要求进行各环节卫生标准控制，加工食用菌产品的人员也应符合食品加工人员的要求。应从食用菌产品的质量控制、加工环境卫生标准、产品加工重点环节的条件控制等方面，综合解决病原微生物的污染。

4. 微生物毒素

微生物毒素对食用菌产品的污染主要有两个方面：一是食用菌产品在加工、储存过程中受微生物所污染，微生物分泌毒素到产品中，造成变质，这是微生物直接污染；二是食用菌栽培基质原材料受微生物污染或在栽培过程中受微生物污染，并通过食用菌菌丝吸收输送到子实体中。许多污染食品的微生物在其生长的过程中可产生对人、畜有害的毒素，其中不少是致癌物和剧毒物。常见的微生物毒素介绍如下。

（1）霉菌毒素

①黄曲霉毒素。这是由某些黄曲霉菌株产生的肝毒性代谢物，以黄曲霉毒素B_1最为常见，毒性也最大。

②青霉素。这是由青霉属的某些种类的霉菌产生的毒素。该毒素可致癌。

③镰刀菌毒素。镰刀菌主要分布在土壤中，能污染与土壤接触的有机物，食用菌产品摊晒在地面上也可受到镰刀菌的污染。其毒素可导致人体白细胞减少症、皮肤炎症、皮下出血、黄疸、肝损害等。

④小柄曲霉毒素。这也是一种致肝癌的毒素，只是毒性较低。

⑤棕曲霉毒素。这是棕曲霉的毒性代谢物，有A、B、C 3种同系物，以A的毒性最大。动物试验，能致肝、肾损害和肠炎。曲霉类在食用菌栽培中是常见的竞争性杂菌，特别在以麸皮、豆粉、玉米粉等为配合成分的基质上更为常见。因此，选用培养基材料时，应选用新鲜无霉菌的材料。

⑥霉变甘薯毒素。霉变甘薯毒素是甘薯被甘薯黑斑病菌和茄病镰刀菌寄生后生理反应产生的次生产物，并非霉菌的代谢产物。主要毒素成分可导致人和畜肺气肿、肝损害。食用菌产品可通过受污染的粮食、土壤等媒介而被污染。

（2）细菌毒素

污染食用菌产品的细菌毒素主要有沙门氏菌毒素，葡萄球菌肠毒素。我国的出口蘑菇罐头曾出现此污染而造成出口大量下降的教训。沙门氏菌毒素可导致人体急性阑尾炎。葡萄球菌肠毒素中毒后2～3 h可发生流涎、恶心、呕吐、痉挛及腹泻等症状。

（二）生产环境要求及控制

1. 生产环境

直接影响食用菌质量的生产环境可分为大环境和小环境。大环境也称产地环境，是指生产场地所在地的整个大环境质量，如大气质量、水源、土壤状况等。小环境也称生产环境，是指生产过程中场所的环境卫生和质量状况，如地势、周围环境卫生、污染源及生长的生态小环境等。

1）大环境（产地环境）

产地环境的质量直接影响食用菌的食用安全性和商品质量，产地环境的不良状况是难以通过栽培措施改善的。产地环境的气、水、土三大要素中影响食用菌的主要是水和土两个因素。

（1）空气

大气污染对农业生态环境的影响已成为当今国际世界十分关注的问题，它直接影响人类食物的安全。我国大气污染现状资料表明，二氧化硫和降尘污染比较突出，这不但影响绿色植物的生长发育，也间接影响食用菌的生长发育和品质。

①二氧化硫。二氧化硫是我国主要大气污染物之一。我国是产煤和燃煤大国，二氧化硫的污染源分布广，排放量大。食用菌子实体含水量较高，吸水性强，极易吸附空气中的二氧化硫，二氧化硫进入子实体后迅速与细胞间隙的水反应生成亚硫酸盐和亚硫酸氢盐。2001年，我国出口鲜香菇曾因亚硫酸盐超标被加拿大海关扣留。但是从二氧化硫在生物体内的代谢途径上分析，通过控制产地大气的二氧化硫污染和生产过程中的二氧化硫污染来防止亚硫酸盐超标是肯定有效的。

②降尘。我国北方干旱，大气中含尘量大，近年沙尘暴发生频繁，特别是华北和西北，2—5月都是沙尘天气发生期，而此期间也正是多种食用菌出菇旺季。因此，提倡食用菌实行设施栽培，不主张在林地、大田、蔬菜等套种露地栽培。一旦沙尘天气发生，对室外栽培的食用菌将束手无策。为使食用菌有效地避开气尘污染，唯一的方法是采取设施栽培。为此，新建栽培场要与扬尘较多的公路隔开一定距离，隔离带最好种植树木作为隔离物。

（2）水

水是食用菌生长发育的基本条件，也是食用菌菌体的最大组分，各种人工栽培的食用菌子实体含水量在87%～93%，多数在90%左右。水是食用菌生理代谢的介质，按照食品安全性的要求，食用菌栽培应使用符合饮用水标准的水源。在实际生产中，多数熟料栽培的种类易于达到这一要求，但发酵料栽培和生料栽培的种类较难控制，如用稻草栽培草菇时，接种前的稻草常置于河水中浸泡或用河水预湿，非饮用水的使用存在着有害于人类健康物质污染的隐患，应引起注意。

我国农用水污染源中直接影响食用菌食用安全性的污染源主要是汞、铬、镉、铅、砷等重金属及其化合物，此外还有氰、酚、醛、苯、硝基化合物等。机械加工、化工、选矿等工业废水中含有这些有害物质，在有这些工业的山区和农村的地表水源如小河、排灌水渠等，存在着被重金属等污染的可能。此外还有雨水冲刷流入河中的分解较慢的有机氯类农药残留物。因此，不宜使用非饮用水栽培食用菌。我国南北方栽培的姬松茸（巴西蘑菇）中重金属含量大不相同，也说明了这一点。

（3）土壤

土壤对食用菌生长发育的影响不像对作物那样举足轻重，因为土壤不是食用菌的营养源。但是，有些种类子实体的形成必须覆土，如双孢蘑菇、大肥菇、姬松茸、鸡腿菇、灰树花、大球盖菇等。对那些子实体形成不需要覆土的种类，覆土也具有显著的增产和延续生长的作用。因此，在食用菌栽培中，不需要覆土的种类也常采取覆土增产措施，如平菇、鲍鱼菇、白灵侧耳等。

覆土在食用菌的子实体发生期能提高产量，其主要作用机理可能在于增加保水性；造成菌体与外界的二氧化碳浓度差，刺激出菇；土壤中的一些微生物刺激子实体形成；土壤中的微量元素可能利于出菇；便于补肥增加营养。

覆土后的出菇期管理，外来水源将被直接吸入覆土层，然后再被菌体吸收。因此，覆土材料的污染状况直接影响食用菌的食用安全性。与食用菌食用安全性关系最为密切的是覆土中的重金属和农药残留物。

①农药残留。农药残留物主要有两大类：一类是重金属及其化合物，如含汞的杀菌剂类和含砷的杀菌剂类；另一类是有机氯、有机磷类杀虫剂，特别是有机氯类杀虫剂不易在环境中分解，半衰期长，对土壤的污染程度远远大于有机磷类杀虫剂。我国制订的食品卫生指标中有机氯农药残留是必须测定的项目，食用菌卫生标准中也有规定。此外，近期修订的食用菌卫生标准还将对有机磷和其他农药残留作出规定。

②重金属。按元素周期表，密度大于5的金属为重金属，共38种，其中易对土壤造成污染的有12种，镉（Cd）、铬（Cr）、钴（Co）、铜（Cu）、铁（Fe）、汞（Hg）、锰（Mn）、钼（Mo）、镍（Ni）、铅（Pb）、锡（Sn）和锌（Zn）。目前对食品中作出含量规定的重金属有镉（Cd）、铬（Cr）、汞（Hg）、铅（Pb）和砷（As）。未受污染的土壤上述重金属含量都很低，如镉（Cd）在地壳中的平均浓度为0.15 mg/kg，铅（Pb）在农业土壤中的含量为30 mg/kg左右。但是，近年由于工业废水和农药对土壤的污染，土壤重金属含量在增加，特别是常作为覆土材料的河泥和菜园土常污染严重。

（4）培养基质

食用菌自身的养分完全来自培养基质，培养基质的理化性状直接影响食用菌的产品质量。与食物安全关系较密切的关键点不在于培养基质的种类，而在于基质的内在安全质量，如生长环境造成的农药残留量、重金属含量等。栽培基质使用合理，可有效地降低食用菌产品中的重金属含量，相反，也能使产品中重金属超标。如厩肥较各种农作物秸秆及木屑的重金属含量高，过量使用时食用菌产品重金属含量也高。常用的过磷酸钙常有镉的污染，使用过多时镉（Cd）易被食用菌大量富集。因此，建议用磷酸二氢钾取代过磷酸钙作磷肥，减少食用菌产品中镉（Cd）的富集。

2）小环境（生产环境）

较大田作物而言，食用菌生长发育主要在小环境——园艺设施内完成，受外界环境如温度、湿度、光照等的影响较大田作物小得多。那么，这种小环境对其生长发育就更为重要，也是其生长发育的决定因素。然而，食用菌属于进化程度低于高等植物的真菌，受自然环境的影响远大于高等植物。同时，其特有的生长发育和生产特点又造就了其特殊的生态小环境。

（1）场所外环境

这包括生产场地周围地势、卫生状况、污染源的有无等综合环境质量，这些因素都直接影响食用菌产品质量。

①地势。食用菌栽培场要求地势平坦，以利于通风、控制杂菌并利于排水，避免涝灾和减少病虫源。

②环境卫生。远离一切产生虫源、粉尘、化学污染物等的场所，以减少杀虫剂的使用，确保产品卫生，避免化学污染。产生虫源的场所主要有禽畜场、堆肥场、垃圾站等，产生粉尘污染的主要有矿业工厂（如石灰厂、煤矿等）、木材加工厂等，产生化学污染的有各类化工厂、印染厂、制革厂、皮毛厂等。

（2）场所内生态小环境

场所内生态小环境是当地气候和食用菌生长发育二者共同相互作用形成的。由于食用菌生长发育的整个过程都处于设施内，因此，食用菌生长发育及其所需要的环境条件在场所内生态小环境的形成中起主导作用。这种小环境的特点是温差小、湿度大、光照少，利于病虫害少发生，这是由食用菌生长发育和生产特点所决定的。栽培管理的最终目标是创造利于食用菌生长发育的环境，减少和控制病虫害发生，获得稳产高产优质的产品。在温度、湿度、光照和菇房通风这四大管理调节的要素中，与病虫害发生和控制关系最为密切的因子是湿度。因此，在场所内生态小环境的控制重点是湿度，以减少农药的使用，保证食品安全。

2. 生产场所和设施

生产场所的设计、建造和设施的安装使用是否科学合理，直接影响栽培技术的实施，影响产品的产量和品质，从而影响生产效益。场所设计建造合理，设施安装使用科学，生产效益事半功倍；反之，事倍功半。生产场所和设施建造安装应遵守以下原则。

（1）利于创造食用菌生长发育的环境条件

食用菌生长发育的环境条件主要是温度、大气相对湿度、光照和通风，不论采用哪类菇房，都要利于这四大要素的人工调控。

（2）利于病虫害的控制

这主要体现在菇房要大小适当，以便于病杂菌或虫害发生时的处理。另外，门、窗、通风孔等处要安装窗纱，以阻止外来虫源进入。

（3）便于操作和提高工作效率

适宜的菇房和设施，人员出入方便，运输顺畅，操作自如，工作效率高。如通道平坦无障，宽窄适度，床架高度和层距适中，便于操作，便于货物的运出，提高工作效率。

3. 基质

食用菌栽培基质以植物残体如秸秆、皮壳、木屑等为主，有的添加较大量的牛马粪等有机肥，添加少量氮肥、磷肥和钾肥及少量无机盐类。基质中的各种成分都对食用菌品质有影响，不同的配方还影响杂菌的发生，从而影响到农药的使用，进而影响食用菌子实体内农药的残留量。另外，基质的安全状态也直接影响食用菌的食用安全性，因为食用菌有较强的重金属富集能力，基质中如果重金属含量过高，将直接影响食用菌的重金属含量。

4. 栽培管理技术

栽培管理技术直接影响食用菌的生长发育，影响病虫害的发生，从而影响食用菌的品质和食用安全性。栽培管理技术包括的内容繁多，与安全、优质和高效密切相关。这涉及场所的处理、品种的使用、品种性状的了解、科学合理的培养料配方、含水量及pH值、覆土材料的选择处理和覆土方法、菇房环境条件的控制方法及其病杂虫害的预防和综合防治等诸多环节，这里仅原则性地介绍栽培技术与食用菌产品质量控制的关系。

广义的栽培技术是指从备料开始经拌料、分袋、灭菌、接种、发菌、出菇直至采收的整个过程的技术处理和方法。

（1）原料与栽培效果

食用菌生产的具体实施是完成设施基本建设后从备料开始的。原料选择不当，将导致产品风味下降，直接影响栽培效果。原料不够干燥时极易霉变，造成灭菌困难，增加能源消耗，也不利于食用菌生长。霉变严重者甚至可造成食用菌不能生长。

（2）培养基制备与栽培效果

培养基制备包括拌料、分装和灭菌，无论哪一环节技术不完全到位，都会导致不良后果。如果拌料干湿不均，可造成灭菌不彻底，菌丝生长不均匀，分装时装料过松出菇不好，子实体个体较小；装料过紧透气性差，发菌困难。水分过大增大污染率；灭菌升温过慢也易造成灭菌不彻底，出现大量污染；甚至搬运不当都会使污染率大增。这些都会导致农药的使用量增加，造成产品农药残留的可能性增大。

在实际生产中常通过培养基的科学制备达到高产优质高效。如双孢蘑菇栽培中的二次发酵有效地提高了单产，香菇和平菇培养料的预发酵可有效缩短灭菌时间，提高灭菌效果，节约能源；高温季节接种时香菇的免糖和低水培养料配方可有效降低污染率；增加石灰用量、提高培养料pH值，可有效地控制平菇生料栽培的污染。

（3）接种与栽培效果

规范的按种操作可将污染率降至最低，使用优良品种、优质菌种，适当加大接种量都可有效减少污染发生，减少农药的使用。

（4）发菌条件控制与栽培效果

发菌期间给予适宜的环境条件，一方面利于菌丝的生长，利于菌体内养分的积累，为以后大量子实体的产生奠定了物质基础。另一方面，还可有效地预防污染，提高成品率，提高食用菌产品产量和品质。如果发菌期大气相对湿度大，温度高，通风不良，污染率会大大增加，因而使用农药控制污染的概率增加，不利于食品安全的保证。发菌期温度过低，显然利于控制污染，但影响子实体质量，如香菇发菌期温度不够，常出现畸形菇。

（5）出菇期环境条件控制与栽培效果

菇房的温度、湿度、通风、光照等都直接影响栽培效果，诸因子综合作用于食用菌的产量和品质。就一般而论，温度高于适宜温度，子实体生长加快，但品质下降，表现为菌盖变薄，菌柄变长，组织疏松，易破碎；湿度高于适宜湿度时，特别是高度恒湿情况下，菇质疏松，甚至畸形，且利于病杂菌和害虫的发生；光照也直接影响子实体菌盖的大小、柄的长短和色泽，就多数食用菌而言，适量的光照使菌盖增大，菌肉变厚，组织紧密，菌柄变短，色泽加深，菇体健壮，口感和风味都得到提高，光照不足则与此相反。从出菇期管理的规律上看，要获得优质子实体，主要应控制以下4点。一是略低于子实体生长的适宜温度。二是干湿相间的变湿环境，避免高度恒湿。三是通风良好。四是适宜的光照。

做好这几点，不但利于子实体生长，还可有效控制病杂菌和虫害的发生，减少或避免农药的使用，保证食品安全，生产出绿色食品，获取好的经济效益。

5. 加工储藏和运输

食用菌采收后上市前仅是产品。获得了优质产品只是获得高效的前提，不等于一定可以获得高效。目前食用菌的产品形式除鲜品外，还有干品、盐渍品和罐头等初加工产品。鲜品若储藏和运输不当，商品质量大大下降，如草菇的开伞、平菇的破碎、香菇的褐变。干品若干制设施设计不合理，干制工艺不当，食用菌会丧失应有的色泽或外观，丧失应有的风味。如香菇干制工艺不合理时，菌褶倒伏断裂，香味不足，猴头菌会菌刺褐变。盐渍工艺不妥时，金针菇菌柄会发生褐变，双孢蘑菇菇体变黄或灰色。制罐工艺不合理时，香菇和草菇罐头口感都会变得非常绵软，罐汤浑浊。诸如此类，使好产品不能变成好商品，经济效益大大降低。因此，生产优质食用菌需要环环扣紧。

6. 环境管理

食用菌的生产环境，不论是场所外环境还是场所内环境，都需要科学严格地管理，否则环境将日益恶化。按照自然界食物链形成的规律，有了食用菌，必然就会滋生以食用菌为食物的生物，如各种病原菌、杂菌、害虫等。实际生产中也确实如此，一旦控制不好，扩展迅速，甚至会迫使菇场关闭。因此，环境管理至关重要，特别是规模集约栽培的菇场应制订环境控制制度和规范。环境管理主要应做到以下几点。

第一，保持环境卫生。勤清理、勤打扫、勤消毒、勤灭虫，环境卫生制度化。

第二，及时进行污染物处理。及时拣出污染物并保持封闭状态，不随便丢弃，采取深埋、灭菌或远离回填等阻断扩散的措施处理。

第三，种菇后废料处理。及时清除和灭虫，发酵消毒，防止病杂菌和害虫扩散。

第四，定期检测环境质量。

第二章

大球盖菇产业发展概述

第一节　大球盖菇概述

　　大球盖菇（*Stropharia rugosoannulata*）是国际菇类交易市场十大菇类之一，也是联合国粮食及农业组织（FAO）向发展中国家推荐栽培的食用菌之一。大球盖菇鲜菇肉质细嫩，营养丰富，有野生菇的清香味，口感极好；干菇味香浓，可与香菇媲美，有"山林珍品"之美誉，受消费者欢迎。

　　大球盖菇为草腐菌，主要利用稻草、麦草、木屑等原料进行室外大田生料栽培。周期短，从出菇到收获结束仅40 d左右；产量高，投干料25～30 kg/m²，可收获鲜菇15～25 kg/m²。此外也可利用多种农作物秸秆、农副产品下脚料、畜禽粪肥、锯木屑等作生产原料。该品种菌丝生长适温范围5～34 ℃，最适23～27 ℃；子实体形成温度为4～30 ℃，最适为12～25 ℃，是我国各地均可栽培的一个新品种。

一、学名及分类

　　大球盖菇：又名赤松茸、酒红大球盖菇、皱环球盖菇、皱球盖菇、裴氏球盖菇、裴氏假黑伞等。

　　学名：*Stropharia rugosoannulata* Farl. ex Murrill。

　　属名"*Stropharia*"来自希腊语，词干"strophos-"意思是"绞成的"，词尾"-aria"意思是"相似"，中文最初译为"球盖菇属"。种名加词"*rugosoannulata*"的词干

"rugosus，-a，-um"意思是"多皱纹的"，词尾"-annulata"意思是"具有环状的，具有圆圈状的"。中文学名应是"皱环球盖菇"，用于描述该菌的菌盖有皱纹和菌柄上具有菌环的典型特征。

同物异名：*Geophila rugosoannulata*（Farl.ex Murrill）；*Naematoloma ferrei*（Bres.）；*Naematoloma rugosoannulatum*（Farl. ex Murrill）；*Naematoloma rugosoannulatum*（Farl. ex Murrill）；*Psilocybe rugosoannulata*（Farl. ex Murrill）；*Stropharia ferrii* Bres.；*Stropharia rugosoannulata* Farl. ex Murrill。

分类地位：菌物界（Fungi）担子菌门（Basidiomycota）伞菌纲（Agaricomycetes），伞菌亚纲（Agaricomycetidae）伞菌目（Agaricales）球盖菇科（Strophariaceae）。

二、生产意义

大球盖菇菇色呈葡萄酒红色，色泽艳丽，菇体清香味鲜，盖滑柄脆，口感十分美好，极具韧性，满口余香。该类菇品营养丰富，属于高蛋白质及钙、磷、铁等含量丰富的食品。且含有17种氨基酸，人体必需的8种氨基酸都有。属于营养型全面的菇类，经常食用会有助于人体健康。子实体内含有较强的抗癌活性物质，有望成为未来生物制药的原料。

据黄年来研究，发展大球盖菇生产有如下重要意义：其一，栽培技术简便易行，能利用现有食用菌生产设施，因地制宜，采用多种方式获得栽培成功。其二，栽培原料来源广泛，可以充分利用各种作物秸秆，如水稻秸秆、麦秸、亚麻秆、玉米秸等，这些资源为农业生产的副产品，成本低，为可再生资源。栽培后的菌糠可以作为饲料；又可以直接还田，是重要的、新型的有机肥料。其三，大球盖菇抗性强，适应性广，能在4~30℃范围出菇。其四，大球盖菇产量高，价格高，成本低，值得我国城乡发展栽培。

三、生物学特性

（一）形态特征

子实体单生、丛生或群生，中等至较大，单个菇丛可达数千克重。菌盖近半球形，后扁平，直径5~45 cm。菌盖肉质，光滑或有纤毛状鳞片，湿润时表面稍有黏性，干后表面有光泽。幼子实体初为白色，常有乳头状的小突起，随着子实体逐渐长大，菌盖渐变成红褐色至葡萄酒红褐色或暗褐色，老熟后褪为褐色至灰褐色。有的菌盖上有纤维状鳞片，随着子实体的生长成熟而逐渐消失。菌盖边缘内卷常附有菌幕残片。菌肉肥厚，色白。菌褶直生，排列密集，初为白色，后变成灰白色，随菌盖平展，逐渐变成褐色或紫黑色。菌柄近圆柱形，靠近基部稍膨大，柄长5~20 cm，柄粗

0.5~4.0 cm，菌环以上污白，近光滑，菌环以下带黄色细条纹。菌柄早期中实有髓，成熟后逐渐中空。菌环膜质，较厚或双层，位于柄的中上部，白色或近白色，上面有粗糙条纹，深裂成若干片段，裂片先端略向上卷，易脱落，在老熟的子实体上常消失。孢子印紫褐色，孢子光滑，棕褐色，椭圆形，有麻点，大小为（11.0~16.0）μm×（6.5~11.0）μm，厚壁。顶端有明显的芽孔。

成熟的大球盖菇弹射出孢子，在适宜的环境条件下萌发，形成单核菌丝，再发育成双核菌丝。经过一定时期的营养积累，在外界条件适宜时，便聚集连接，可见到凸起或隆起物。菌丝吸取的养分不断向凸起物输送，逐渐形成子实体原基。子实体原基在一定的条件下不断膨大，并分化出菌柄和菌盖，进而分化出菌褶和子实层，囊状体棍棒状，（3.5~5.0）μm×（1.5~14.5）μm，担子上着生4个担孢子。

（二）分布和生态习性

1. 分布

大球盖菇在自然界中分布于欧洲、北美洲、亚洲等地。在欧洲国家，如波兰、德国、荷兰、捷克等均有栽培。我国野生大球盖菇分布于云南、四川、西藏、吉林等地。

2. 生态习性

大球盖菇从春季至秋季生于林中、林缘的草地上、路旁、园地、垃圾场、木屑堆或牧场的牛马堆上。人工栽培在福建省除了7—9月未见出菇外，其他月份均可长菇，以10月下旬至12月初和3月至4月上旬出菇多，生长快。野生大球盖菇在青藏高原上生长于阔叶林下的落叶层上，在攀西地区生于针阔混交林中。

（三）生长发育条件

1. 营养

营养物质是大球盖菇生命活动的物质基础，也是获得高产的根本保证。大球盖菇对营养的要求以糖类（碳水化合物）和含氮物质为主。碳源有葡萄糖、蔗糖、纤维素、木质素等，氮源有氨基酸、蛋白胨等。此外，还需要微量的无机盐类。实际栽培结果表明，稻草、麦秸、木屑等可作为培养料，能满足大球盖菇生长所需要的碳源。栽培其他蘑菇所采用的草料以及棉籽壳反而不是很适合作为大球盖菇的培养基。麦麸、米糠可作为大球盖菇氮素营养来源，还能为大球盖菇生长提供维生素，也是大球盖菇栽培早期辅助的碳素营养源。

2. 水分

水分是大球盖菇菌丝及子实体生长不可缺少的因子。基质中含水量的高低与菌丝的生长及长菇量有直接的关系。菌丝在基质含水量65%~75%的情况下能正常生长，最适宜含水量为65%左右。培养料中含水量过高，菌丝生长不良，表现稀疏、细弱，甚至还会使原来生长的菌丝萎缩。在南方，常可发现由于菌床被雨淋后，基质中含水量过高而严重影响发菌，虽能出菇，但产量不高。子实体发生阶段一般要求环境相对湿度85%以上，以95%左右为宜。菌丝从营养生长阶段转入生殖生长阶段必须提高空间的相对湿度，方可刺激出菇。空间湿度低，菌丝虽生长健壮，出菇也不理想。

3. 温度

温度是控制大球盖菇菌丝生长和子实体形成的一个重要因子。

（1）菌丝生长阶段

大球盖菇菌丝生长温度范围是5~36 ℃，最适生长温度是24~28 ℃。在10 ℃以下和32 ℃以上生长速度迅速下降；超过36 ℃，菌丝停止生长。高温延续时间长菌丝会死亡。在低温下，菌丝生长缓慢，但不影响生活力。当温度升高至32 ℃以上时，虽还不致造成菌丝死亡，但即使温度恢复到适宜温度，菌丝生长速度明显减弱。在栽培中若发生此种情况，将影响发菌，并影响产量。

（2）子实体生长阶段

大球盖菇子实体形成所需的温度范围是4~30 ℃，原基形成的最适温度是12~25 ℃。在此温度范围内，温度升高，子实体的生长速度增快，朵形较小，易开伞；而在较低的温度下，子实体发育缓慢，朵形常较大，柄粗且肥，质优，不易开伞。子实体在生长过程中，遇到霜雪天气，只要采取一定的防冻措施，菇蕾就能存活。气温超过30 ℃，子实体原基难以形成。

4. 空气

大球盖菇属于好气性真菌，新鲜而充足的空气是保证正常生长发育的重要环境条件之一。在菌丝生长阶段，对通气要求不敏感，空气中的二氧化碳浓度可达0.5%~1.0%；而在子实体生长发育阶段，要求空间的二氧化碳浓度低于0.15%。空气不流通、氧气不足，菌丝的生长和子实体的发育均会受到抑制，特别在子实体大量发生时，更应注意场地的通风。只有保证场地的空气流通，才有可能获得优质高产。

5. 光线

大球盖菇菌丝的生长可以完全不要光线，但散射光对子实体的形成有促进作用。生产中，栽培场所选在半遮阴的环境，栽培效果更佳。主要表现在两个方面：其一产量高；其二是菇的色泽艳丽，菇体健壮。这可能是太阳光提高地温，并通过水蒸气的蒸发促进基质中的空气交换，满足菌丝和子实体对营养、温度、空气、水分等的要求。但是，如果较长时间的太阳光直射，造成空气湿度降低，会使正在迅速生长而接近采收期的菇体龟裂，影响商品外观。

6. 酸碱度

大球盖菇pH值在4.5～9.0均能生长，以pH值为5～7的微酸性环境较适宜。在pH值较高的培养基中，前期菌丝生长缓慢，但在菌丝新陈代谢过程中，会产生有机酸，使培养基中的pH值下降。菌丝在稻草培养基自然pH条件下可正常生长。

7. 土壤

大球盖菇菌丝营养生长阶段，可在没有土壤的环境中生长，但覆土可以促进子实体的形成。不覆土，虽也能出菇，但时间明显延长，这和覆土层中的微生物有关。覆盖的土壤要求含有腐殖质，质地松软，具有较高的持水率。覆土以园林土壤为宜，切忌用砂质土和黏土。土壤的pH值以5.7～6.0为好。

（四）栽培条件

1. 季节安排

菌种培养最适温度为20～28℃，即当地最高气温稳定在28℃以下，就可制种；旬均温度稳定在16～27℃时，就可以播种栽培。

一般以利用自然气温为主，人为设施调节为辅。北方地区，秋季栽培以7月底至8月中旬播种，8月中下旬至10月出菇，春季栽培以3—4月播种，4—6月出菇为宜。南方地区，秋季栽培为7月底至8月上旬播种，8月底至9月上中旬出菇；春季栽培3月底至4月中旬播种，4月底至5月中旬出菇。

2. 场地选择

大球盖菇的人工栽培分室内和室外栽培。在目前条件下，以室外生料栽培更为合适。室外生料栽培成本更低，制作方便，不需要专用设备，可在田间、果园、阳畦、温室、空地搭建菇棚等多种场地栽培。栽培地要求偏酸性、肥沃、带腐殖质土壤的田园土、果园土。

3. 菌种

大球盖菇在国内栽种还不普及，较大范围试种的地区，仅限福建、山东、河北及湖北等局部地区试种或较大规模种植，菌种多为直接由国外引进的菌株，如Sto128、Srf-1、R_0、R_2、R_1、R_3等。为了获得放心菌种，可以从产地野外采集样品菇，进行子实体组织分离或基质组织分离，经纯化、出菇试栽后选用。也可以从福建省三明市真菌研究所、河北省食用菌研究所及武昌狮子山华中农业大学食用菌菌种厂等处引种。

四、生活史

大球盖菇的生活史就是大球盖菇从孢子发育成初生菌丝，然后生长为次生菌丝体，再发育为子实体，子实体再弹射出孢子的生活循环过程。

五、栽培季节

栽培季节应该根据大球盖菇特有的生活习性和不同地区的当地气候环境条件及栽培场所环境条件而灵活确定。正常气温下，春栽气温回升到8 ℃以上，秋栽气温降至3 ℃以下播种。在我国北方地区，如用温室栽培，除短暂的严冬之外，几乎常年可安排播种。北方地区室外栽培，春季地面解冻时至3月初可铺料播种，在4—7月出菇；秋季栽培可以在9月至上冻之前进行铺料播种，11月中旬起开始出菇，在12月或翌年春季结束。在我国南方地区，一般春季2月初接种，4月末开始采收；秋季9月中旬接种，11月初开始采收。根据多年栽培经验，早春栽培效果不如秋季栽培。早春栽培，发菌温度低，发菌周期长，出一潮菇后就临近高温，容易导致栽培失败。北方温室建议推广"早秋播种，秋冬出菇"模式，摒弃"秋季播种，春季出菇"模式，可在9月开始投料播种，11月开始出菇，元旦起开始大量出菇，春节前后为出菇高峰期。因秋冬季节温度偏低条件下产出的鲜品，实心率高、储存，所以市场价格高、效益好。但也不要投料播种过早，温室内温度高，容易造成热害伤菌。

六、栽培方式

主要有温室栽培、冷棚栽培、露地栽培、林下栽培，还可以与葡萄、玉米等间作套种。各地还可以根据本地特点，合理利用栽培设施。如山东利用光伏设施大棚，棚顶上架着成片的光伏太阳能电池板，棚上发电、棚内种植大球盖菇、棚中休闲观光，多元利用有限的土地资源。黑龙江地区水稻育苗棚一般每年的3月至6月初培育水稻成育苗任务后，利用部分育苗大棚种植大球盖菇，取得了很好的效果。

（一）温室、冷棚栽培

温室栽培是目前较好的栽培方式，便于控制温度和湿度，适宜出菇的时间较长，产量高，优质菇多，经济效益好，便于管理，温室可以多次使用。缺点是一次性投资建设冬暖大棚的投入大。

温室地栽一般采用稻壳等为培养料，含水量60%，投干料15 ~ 20 kg/m²，播种量0.6 kg/m²，采取混播方式。播种后覆土3 cm，土层上覆盖湿稻草保湿发菌，45 d后出菇。产量约为5 kg/m²，亩产3 000 ~ 3 500 kg，销售价格为10元/kg，亩产值大致在35 000元，利润25 000元，经济效益显著。工作人员查看温室培育的菌丝状况如图2-1所示。

图2-1　温室培育菌丝状况

若采取床架栽培，床面宽60～70 cm，层距55～60 cm，高3～4层，底层离地面15～20 cm，架与架之间留走道60 cm（图2-2）。

图2-2　层架式栽培

冷棚投入比温室小，场地灵活，管理简便。缺点是难以抵御雨等恶劣气候，越冬易发生冻害。

（二）露地栽培

露地栽培因为不需要特殊设备，制作简便，且易管理，栽培成本低，经济效益好。早春土壤化冻后，选取靠近水源的平地，做好畦床，畦床宽60～70 cm，平整好后如果土壤含水量低于20%，需要灌水。把培养料拌至含水量60%，投干料15～20 kg/m²，混接菌种0.6 kg/m²，再覆土3 cm，土层上覆盖湿稻草保湿发菌，一般45～55 d出菇。产量约为5 kg/m²，亩产3 000 kg左右。

1. 单季稻冬闲田露地栽培

单季稻冬闲田露地栽培，能够充分利用水稻秆、改善土壤，一举多得（图2-3）。

图2-3　单季稻冬闲田露地栽培试验（来源：李立江）

2. 露地平棚栽培

在露地搭建平棚（顶部一层遮阳网），创造半遮光的生态环境，投入低，场地灵活，换地容易，不重茬，易管理。

3. 简易"人"字棚栽培

在露地搭建简易"人"字棚，上部加草帘创造半遮光、保湿、保温的环境。

（三）林下栽培

早春土壤化冻后，在林地挖深50～60 cm的畦床，长度适当，然后把木屑等培养料拌至含水量60%，投干料15～20 kg/m²，混接菌种0.6 kg/m²，再覆土3 cm。一般随季节出菇，可出菇2季。按照每亩林地利用率50%计算，每亩产量2 000～2 500 kg（图2-4）。

图2-4　林下栽培

（四）玉米间作套种大球盖菇

采用玉米与大球盖菇间作套种的模式，即每隔两垄玉米种植1畦大球盖菇。畦床宽60～80 cm，用料（干料）量为15～20 kg/m²，厚度为20 cm，穴播07～1.0 kg/m²，覆土3 cm后盖上稻草，平均产量6～7 kg/m²。在北方地区一般5月播种，6月中下旬至8月中下旬出菇。

（五）葡萄间作套种大球盖菇

大球盖菇栽培技术简便粗放、抗逆性强，可在葡萄园内与葡萄间作套种栽培。葡萄园行间距一般在4 m，在其中挖宽1.5 m、深20 cm的畦，畦两侧留出排水沟。把培养料拌至含水量60%，畦中投干料15～20 kg/m²，混接菌种0.6 kg/m²，再覆土3 cm。一般

3月栽培，5月开始出菇，平均产量6~7 kg/m²。可在畦面上覆盖树叶、稻草，用竹片搭建60~80 cm高的小拱棚，上盖遮阳网遮阳，利于出菇管理（图2-5）。

图2-5　葡萄间作套种大球盖菇（来源：杨仕品）

（六）大球盖菇工厂化栽培

大球盖菇栽培技术简单粗放，栽培原料广泛，成功率高，效益好。但是目前仍然以传统作业模式为主，受自然环境影响大。因此利用室内、闲置车间，实现工厂化生产是一种值得探讨的方式。

七、病虫害

大球盖菇栽培期间，病虫害主要有菇蚊、螨类、蚯蚓等。在大田栽培时，一般用生石灰进行消毒，当发现害虫巢立即用"红蚁净"药粉均匀撒在散布有蚁路的场所。通过在菌床土壤表面放置沾染糖水的废布、报纸等对螨类实施诱杀，铺料之前在菇场内喷洒浓度为1%的茶籽饼液，可以防止蚯蚓为害菌丝和子实体。杂菌主要是细菌、霉菌以及鬼伞等。控制杂菌要从源头抓起，选择无霉变、新鲜的栽培原料，接种前对环境进行彻底消毒杀菌，可选择生石灰、克霉先锋等对场地及场地四周喷洒，出现杂菌要及时清除。

合理调控温度、湿度和空气是减轻病害发生的关键。一般来说，料温与气温相对平衡的条件下，病害就不容易发生；反之，料温与气温相差大，特别是料温高、气温低，就易发生病虫害。

第二节 大球盖菇产业发展现状及市场前景

一、分布及销售

（一）推广及面积情况

目前，在福建、江西、四川、黑龙江、湖北、贵州、陕西、河北、河南、安徽、山西等省已经大面积推广栽培，效益很好。据不完全统计，2019年全国大球盖菇种植面积近2万亩[①]，相比2017年近1万亩增长了1倍。在2019年全国大球盖菇种植面积中，贵州省约为6 000亩、四川省约为3 000亩、河北省约为2 000亩、黑龙江省约为2 000亩、福建省约为2 000亩、陕西省约为2 000亩，河南、安徽、江西、山西等省市总种植面积近3 000亩。

（二）销售及出口情况

目前大球盖菇主要销售市场为北京、上海、山东和江苏等省，其中上海（尤其是浦东）增速快，山东有下降趋势，这些产区鲜品常年均价达到20元/kg以上。西南四川、贵州，东北黑龙江，陕西、江西、河北长期价格在10元/kg徘徊，但2018—2019年陕西和贵州价格有上升至20元/kg以上的趋势。总体来看，大球盖菇在西南片区市场接受度还较低，东部发达地区应该是消费的重点区域，中原及东北地区接受较快。

大球盖菇作为国际菇类市场上十大菇类之一，在国际市场上很畅销，尤其在欧美市场，更是供不应求，消费需求尤为突出，日本、韩国等国需求量也很大，处于有价无货状态。2018年出口量为3 000 t，一级大球盖菇价格为1.4万元/t，次菇为1万元/t。出口国为美国、加拿大、法国、意大利、法国、德国、西班牙等欧美发达国家。

---

① 1亩≈667 m²；15亩=1 hm²。全书同。

二、产业概况

大球盖菇主要分布在欧洲、北美及亚洲的温带地区，在我国主要分布在云南、西藏、四川、吉林等地。野生大球盖菇分布在欧洲、北美、亚洲的温带地区和我国的云南、西藏、四川和吉林等地。自1922年首先在美国被发现，并被记载和描述。1930年，又在德国、日本等地发现了野生的大球盖菇。1969年，在当时的东德进行了人工驯化栽培。1970年发展到波兰、匈牙利、苏联等地区，逐渐成为许多欧美国家人工栽培的食用菌。不少研究者对大球盖菇的驯化栽培兴趣盎然。1980年，我国上海市农业科学院食用菌研究所曾派技术人员许秀莲等人赴波兰考察，引进大球盖菇菌种，并进行试种，但未能大面积推广。1992年，福建省三明真菌研究所颜淑婉等立题研究，在橘园、田间栽培大球盖菇获得良好效益，并逐步向省内外推广。由于一代又一代科技工作者的成功探索，大球盖菇的研究和栽培，已被普及到许多国家和地区，为此也成为联合国粮食及农业组织（FAO）向发展中国家推荐栽培的重要菇类之一。目前，大球盖菇已在我国福建、江西等地区，被较大规模地引种栽培，成为我国食用菇类的新品种。

近年来由于食用菌产业快速发展，特别是棚室等保护地集约化，以及工厂化食用菌产业快速扩张，使得大球盖菇发展相对滞后，对大球盖菇的研究也相对薄弱，以至于一度成为小菇种，只在福建、江西、四川、湖北等部分省份栽培。

大球盖菇可以利用作物下脚料、畜禽粪肥等农牧废弃物做栽培料进行栽培。如：各种农作物（玉米、水稻、大豆、高粱等）的秸秆、玉米芯、水稻壳、麸皮和各种畜禽（鸡鸭鹅猪牛马羊鹿等）粪肥，均是可再生的生物质能源，原料来源异常丰富；准入门槛低；抗杂能力强；投入少，见效快，经济效益高。并且出菇后菌糠直接回田培肥地力，改良土壤。

近年来，由于秸秆焚烧、环境污染日趋严重，人们开始重视发展大球盖菇。由南方福建、江西、四川开始逐步向北方、全国发展，最远已经到达东北三省。辽宁、吉林、黑龙江均有引种和规模化生产，在高寒的东北地区实现了安全越冬。大棚、露地、林间秋茬出1~2潮菇后安全越冬，翌年3—4月温度适宜继续出菇3~4潮，取得良好的经济、社会和生态效益。

大球盖菇产量高，生产成本低，营养丰富，易被消费者接受，同时又能有效消纳秸秆，减少面源污染，培肥地力，"变废为宝"，改善生态环境，增加农民收入，因此是精准扶贫、种植结构调整、林业产业和矿区经济转型的好项目，各地纷纷出台的优惠扶持政策，促进了大球盖菇的迅速发展。

大球盖菇出菇期集中，鲜品货架期较短，因此对保鲜加工尤为重要，目前除鲜品外，还有腌渍品、干品为主流产品，深加工研究也在不断应用，加工品种在不断扩大，目前大球盖菇正处在蓬勃发展的关键时期。

三、市场前景

（一）发展优势

1. 符合国家产业及扶持政策

近几年，国家十分关注秸秆焚烧对环境危害和资源浪费问题。2017年国家安排中央财政资金6亿元，在东北地区60个玉米主产县开展整县推进秸秆综合利用试点。力争到2020年，东北地区秸秆综合利用率达到80%以上，新增秸秆利用能力超过2 700万t。这为利用秸秆栽培生产草腐食用菌产业化规模的发展，提供了巨大发展机遇。这个产业符合国家产业政策，是个变废为宝，促进生态循环的朝阳产业。

2. 成为各地精准扶贫、种植结构调整的优势项目

"发展林下经济，助推精准扶贫"成为各地实施脱贫攻坚的主题和特色。林下经济在助推绿色化转型发展，调整农村产业结构、增加农民收入、促进生态建设、推动绿色发展等方面显现出强大的生命力。我国林下经济发展资源丰富，潜力巨大，因此，发展食用菌林下经济，有利于实现林菌生态建设的可持续性，达到生态、社会、经济效益的和谐统一发展。

大球盖菇是生物化解农作物下脚料的能手，它以谷物的秸秆和粪肥为主要栽培料，栽培出蘑菇的同时也解决了环境污染问题，成为生态农业的生力军。也是近年林下经济优选品种，逐渐成为各地精准扶贫、种植结构调整的优势项目。

（二）发展前景

几年来的引种推广情况表明，大球盖菇具有非常广阔的发展前景，作为新产品一投放市场，很容易被广大消费者所接受。

1. 生态价值突出

①可以使用各种农牧废弃物，特别是农作物秸秆等作为栽培基质，变废为宝，大量减少了因秸秆焚烧造成的污染，有效净化了环境。据测算，一亩大球盖菇会用到秸秆约5 t，每亩能产出4~5 t以上的大球盖菇。

②不用菌袋高温灭菌，极少白色污染，菌料发酵直接铺料播种。

③生产过程利用保护地周年生产，也可林地、裸地，升值房前屋后，不用农药化肥，做到原生态、绿色和环保。

④菌糠直接回田成为肥料，培肥地力，改良土壤。

⑤适宜于各种大田作物，蔬菜等进行间、混、套种，有良好的生态互补效应，提高经济效益，促进土地的合理高效利用。在茶园、果园和竹林下的空闲土地开展大球盖

菇栽培，提高了林下土地的利用率，大球盖菇的菌渣和菌糠为林木提供了大量的有机营养肥料，也疏松了林下土壤；而林木也为大球盖菇的生长提供了通风透气、遮光的生长环境。更为重要的是可以就近取材，利用茶园、果园和竹林的废弃木材、荒草资源，就地制备培养基料，就地发酵，节省了大量的运费和原材料购买成本。

贵州大球盖菇以"菜—稻—菌"、"稻—菌"、林下仿野生种植、大棚种植为主。"稻+菇"是收割水稻结束，10月底开始播种，翌年3月收获；林下仿野生种植四季可以播种，夏季产量最低，但单价最高，平均单价8元/kg左右；大棚种植主要播种在12月，翌年3月收获，收获后可以种植其他食用菌。总体来看，亩产差别较大，低至250 kg左右，高至3 500 kg左右，平均亩产在1 750 kg左右，春季产量高，鲜品平均价格在8~12元/kg；夏季产量低，鲜品平均价格在16~20元/kg，干品平均价格在120~160元/kg。在周年生产方面，重点突出为夏秋季生产。

2. 开发潜力大

①栽培技术简便易行，可直接用生料栽培，也能利用现有食用菌生产设施，因地制宜，采用多种方式获得成功。

②栽培原料来源丰富、广泛，可在各种秸秆培养料和粪肥上（如稻草、麦秸、亚麻秆等）生长，这些资源为农业生产的副产品，成本低，为可再生资源。在我国广大农村，可以当作处理秸秆的一种主要措施。栽培后菌糠可以作为饲料；又可以直接还田，改良土壤，增加肥力，是重要的、新型的有机肥料。

大球盖菇就是一种"不吃腐木吃秸秆"草腐菌，它分解纤维能力特别强，6个月就能把秸秆完全分解，而且"胃口"也特别大，平均种植一平方米大球盖菇需秸秆50~70 kg。

③大球盖菇抗性强，抗杂能力突出，适应温度范围广，可在4~30 ℃范围出菇，在闽粤等省区可以自然越冬。由于适种季节长，有利于调整在其他菌类或蔬菜淡季时上市。部分地区从秋季的8月到翌年春季4月都可以栽培，但大部分地区适宜秋季种植，少数寒冷地区可以在早春投料播种。出菇期正好处于元旦、春节期间，鲜菇市场售价高；冷棚种植的采收时间与露地和林下相比，冬前可以延长采收期，春季可以提早采收上市。

④投资少、产量高（3~30 kg/m²）、见效快，市场稳定。一般投料20~25 kg/m²，产鲜菇15~20 kg/m²。国内市场鲜菇价格8~16元/kg。按最低产量和价格计算，每平方米产鲜菇10 kg，每千克鲜菇12元，每平方米产值120元，去除原料、菌种和人工等开支每平方米约50元，每平方米可获纯利70元。每公顷（15亩）空闲地栽培，面积按6 000 m²计算，可获利42万元（每亩地可超万元），其收入是种植一般农作物的10倍以上。一亩地大棚，实际播种面积300 m²，投入包括建大棚费用、菌种费用、原材料费

用、人工费用1万元，产出每平方米获纯利70元，一亩地共获纯利21 000元。经济效益可观。

⑤营养价值高。大球盖菇氨基酸含量达17种，人体必需氨基酸齐全，生物活性物质中的总黄酮、总皂苷及酚类的含量均大于0.1%，还含丰富的葡萄糖、半乳糖、甘露糖、核糖和乳糖。总氮中72.45%为蛋白氮，27.55%为非蛋白氮。蛋白质中42.80%为清蛋白和球蛋白。据相关资料报告，大球盖菇子实体内含有较强的抗癌活性物质，有望成为未来生物制药的原料。

四、存在问题

经过近几年的发展，我国大球盖菇产业进入了快速发展期，种植规模、市场经销量逐渐增长，成为不少地区开展脱贫攻坚的优势项目。但是产业发展中还存在一些问题，如菌种质量无保障、基础设施跟不上产业发展、生产经营主体和职业农民及专业技术人才缺乏、市场体系不健全、深加工产品开发滞后等，制约了产业进一步发展壮大。

五、发展建议

大球盖菇具有食用、保健、医药三大功能，市场前景可观，建议从以下5个方面推广。

一是大力宣传，引导消费。很多人根本不知道大球盖菇，没见过，也没吃过，不知道它是如何可口好吃。因此各级政府和媒体应该加大宣传力度，通过各种途径广而告之，让广大消费者知道、认识、了解、品尝大球盖菇，引导广大消费者消费。

二是挖掘和普及烹饪技术。烹饪技术应该充分挖掘出来，普及给广大消费者，让大家都能享受到山珍大球盖菇的美味。

三是要对大球盖菇的生理学、遗传学进行深入研究，加快新品种选育速度；规范大球盖菇菌种生产；创新大球盖菇的栽培技术和模式，制定大球盖菇生产技术规程；规范行业标准。

四是充分利用当地的栽培原理。大球盖菇栽培要就地取材，充分利用当地的自然资源，认真研究培养料的配方，生产质优、产量高的大球盖菇。

五是搞好产后储藏加工和高效保健品的研究，提高大球盖菇的产品附加值，延长产业链。随着人们对大球盖菇营养价值和食用价值的认识，市场需求量也不断增加，部分地区菜市场大球盖菇销量超过了常规品种平菇、香菇、金针菇，除鲜销外，各类干制品、真空清水软包装加工、速冻加工、盐渍品在国内外市场均有销售，提取多糖生产保健品或药品等深加工即将成为可能，未来，大球盖菇的市场发展空间还很大！

第三节 大球盖菇储藏保鲜与加工

一、储藏保鲜

鲜大球盖菇含水量比较高，采摘后子实体受损，采后呼吸作用强于部分食用菌，室温下放置3 d便会发生开伞、色变，菇盖膜自溶，菇柄长出白色絮状霉进而软腐，直至丧失食用价值。

大球盖菇的保鲜工艺多采用低温保鲜或涂膜保鲜。由于大球盖菇保鲜工艺的匮乏，绝大多数经粗加工后供国外出口，极少部分在国内市场上鲜销。随着大球盖菇需求量逐年递增和食用菌精深加工技术开展，关于大球盖菇保鲜技术的研究值得深入。有研究表明将大球盖菇在常温下经0.8%的柠檬酸溶液护色10 min，大球盖菇的保鲜期可长达6 d，长于对照组3～4 d。陈婵等（2017）发现100倍EM益生菌稀释液对大球盖菇的保鲜效果显著优于0.1%EDTA-2Na、0.5%柠檬酸、0.5%氯化钠和0.5%抗坏血酸溶液，甚至优于0.3%焦亚硫酸钠，可有效抑制大球盖菇褐变和呼吸作用，减少失重率，延长2 d保鲜期。陈思发现采用魔芋葡甘聚糖与淀粉1∶1用量，大豆分离蛋白用量为30%，甘油用量为10%，成膜浓度0.6%，调节pH值为4时，大球盖菇失重率和细胞膜透性最低，为10.3%，阻隔性最强，保鲜效果最好。倪淑君等（2016）采用真空预冷机可使刚采摘的鲜大球盖菇在20 min内菇体均匀降温到4 ℃，有效治愈菇体表面损伤，使货架期延长一倍多。

（一）低温储藏

通过低温来抑制鲜菇的新陈代谢及腐败微生物的活动，在一定时间内保持产品的鲜度、颜色、风味不变。

（1）人工冷藏

利用自然和人工制冷来降低温度，以达到冷藏保鲜的目的。

①短期休眠保藏。将新采集的鲜菇置于0 ℃的环境24 h使其菌体组织进入休眠状态，一般在20 ℃以下储藏运输可以保鲜4～5 d。

②简易包装降温储藏。用聚乙烯塑膜袋将鲜菇分装，每袋内放入适量干冰并封口，1 ℃以下可以存放15～18 d，在6 ℃以下也可存放13～14 d，要求储藏温度稳定，忽高忽低会影响储藏效果。

③块冰制冷运输保鲜。保鲜盒分3个格子，中间放用聚乙烯薄膜包装的鲜菇，上下是用塑料袋包装的冰块，定时更换冰块，以利于安全运输。

（2）机械低温储藏。鲜菇清洁干净→分级→放入0.01%浓度焦亚硫酸钠水溶液中浸泡漂洗3～5 min→捞出放入冰水中预冷处理至菇体温度0～3 ℃→捞出沥干水装筐→入0～3 ℃冷库，空气湿度控制在90%～95%，经常通风，二氧化碳浓度低于0.3%，保鲜8～10 d。

（二）保鲜方法

（1）气调保鲜

气调保鲜的原理是通过调节气体组分，以抑制生物体（菌菇类）的呼吸作用，来达到保鲜的目的。气调主要是调节氧气和二氧化碳的浓度，降低氧气浓度，增加二氧化碳浓度就可延长保鲜时间。当氧气浓度降到1%时，就能显著的抑制菇类的开伞，氧气浓度降到2%、二氧化碳浓度达到10%左右时，菇类在室温下可延长保鲜时间10～20 d。

气调保鲜分自然降氧法和人工降氧法。主要应用自然降氧法。

大球盖菇保鲜应用0.06 mm的聚乙烯保鲜袋，规格可装0.5 kg，室温下可保藏5～7 d；也可用纸塑料袋，加入天然的去异味剂，5 ℃下可保藏10～15 d。用此种方法储藏5 d后，袋内氧气浓度由19.6%降到2.1%，二氧化碳浓度由1.2%升到13.1%。纸塑袋由于有吸水作用，避免了菇盖边缘和菌褶吸水软化和出现褐斑。日本报道：0.5 g活性炭+0.35 g吸水剂+0.15 g氯化钙充分混合装入透气性好的纸塑复合袋包装成小包，和100 g鲜大球盖菇放入密闭容器中，常温下可保藏5～7 d。

（2）辐射保鲜

用钴60或者铯137为辐射源的γ射线照射菇类；也可用总辐射量100万拉德（1000 kRAD，100万电子伏）以下的电子射线照射需要保鲜的菇体以达到保鲜的作用。原理是：射线通过菇体时会使菇体内的水分和其他物质发生电离作用产生游离基或者离子从而抑制菇体的新陈代谢过程起到延长保存时间的作用。具体办法如下：先将大球盖菇漂洗沥水装入多孔聚乙烯塑料袋中，用上述射线20万～30万eV（200～300 kRAD）试剂量照射后于10 ℃以下储藏，能明显抑制菇色变褐、破膜和开伞且水分蒸发少，失重率低。辐射后在16～18 ℃室温、65%相对湿度下可以保鲜储藏4～5 d，如温度还低保藏时间更长。

（3）化学保鲜

选对人畜无害的化学药品和植物激素处理菇类可以达到保鲜的目的。有此作用的化学物质有：氯化钠、焦亚硫酸钠、稀盐酸、高浓度的二氧化碳、矮壮素、吲哚乙酸、萘乙酸、N-二甲氨基琥珀酸（比久）等。

①焦亚硫酸钠喷洗保鲜。0.15%浓度焦亚硫酸钠→均匀喷洒菇体后→塑料袋包装→20 ℃左右可保鲜8～10 d。或者清洁分级后，用0.02%浓度的焦亚硫酸钠水溶液漂洗，3～5 min之后捞起，用0.05%浓度的焦亚硫酸钠水溶液浸泡15～20 min捞出沥干水，装

入通气的塑料筐中10 ℃左右的温度下保鲜6~8 d。

②氯化钠和氯化钙溶液浸泡保鲜。0.2%氯化钠+0.1%氯化钙混合液浸泡菇体30 min后捞出，分装塑料袋，5~6 ℃下可保鲜10 d左右。

③比久（B9）保鲜。植物生长延缓剂浓度0.001%~0.01%的水溶液浸泡10 min后，捞出沥干水后装入塑料袋中5~22 ℃下可保存8 d。

④麦饭石保鲜。鲜菇入塑料袋或者盒中浸没入麦饭石水中→20 ℃下低温储藏可保鲜70 d，氨基酸含量与鲜菇差别不大，色泽和口感均较好。

（4）真空预冷保鲜技术

真空预冷是实现蘑菇快速预冷的极好办法：将采摘下来的蘑菇产品放入真空预冷槽内，由真空泵抽去空气，随着槽内压力的不断下降，使蘑菇体水的沸点也随之降低，水分被不断蒸发出来，由于蒸发吸热，使蘑菇本身的温度快速降低，达到"从内向外"均匀冷却的效果。因为真空预冷可以快速均匀地除去采收带来的田间热，降低了食用菌的呼吸作用，从而显著延长保鲜期，提高保鲜质量。通过真空预冷控制鲜菇产品生理生化变化的各种因素，能使菇体生命活动处于下限状态，延长货架寿命。真空预冷属体积型冷却方式，整体冷却速率快，冷却均匀，受包装与堆码方式影响小。特别适用于食用菌、蔬菜、水果、花卉等的冷链保鲜预冷。

优点如下：①保鲜时间长，无须进冷库就可以直接运输，而且中短途运输可以不用保温车；②去除的水分仅占菇重的2%~3%（一般温度每下降10 ℃，水分散失1%），故重量基本不减，且冷却时间极快，一般只需二十几分钟，不会产生局部干枯变形；③对食用菌原有的感官和品质（色、香、味和营养成分）保持得最好；④能抑制或杀灭细菌及微生物；具有"薄层干燥效应"——表面的一些小损伤能得到"医治"愈合或不会继续扩大；⑤运行成本低；⑥对环境无任何污染；⑦可以延长货架期，经真空预冷的食用菌，无须冷藏可以直接进高档次的超市。

二、加工

鲜大球盖菇不耐储藏的加工特性限制了其鲜销和异地运输，常对其采用干制、盐渍和制罐等加工工艺。

（一）干制

干制作为菇类加工的常用手段。研究发现，干燥方式对食用菌的品质有很大影响。一个关于香菇的研究显示真空和微波真空干燥香菇的色度与鲜香菇最为接近；三种干制（热风、红外以及热风辅助间歇微波干燥）香菇柄的色度较鲜香菇柄有显著提高，且热风辅助间歇微波干燥的干燥速率最快，多糖保留率最高为24.028%，可有效保证产品风味品质；杨薇在对比蘑菇热风、微波真空和微波对流干燥的试验中发现热风干燥的蘑菇色泽最接近新鲜蘑菇；田龙研究了较高品质大球盖菇的冷冻干燥的最佳工艺为压力96 Pa，温度40 ℃，降温速率0.53 ℃/min，菇片厚度6 mm，获得的大球盖菇复水比最好，体积收缩率较小。朱铭亮建立了大球盖菇的微波真空干燥动力学模型，得到最优干燥工艺为微波功率1 kW，真空度为-90 kPa，装载量150 g，此时可较好保存SOD、维生素C和多糖等成分。柳丽萍研究发现3种干制（自然风干、45 ℃烘干及冷冻干燥）大球盖菇粉中冻干样品外观色泽保存最好，多糖、粗脂肪和蛋白质含量均最高。

（1）晒干

强光下将菇体放筛网上，单层，1～2 h翻一次，1～2 d就可烘干，移入室内停1 d，让其返潮，然后再在强光下复晒1 d收起装入塑料袋密封即可。

（2）火炕烘干

在较高温度下使水强制性蒸发，时间短，效率高，一次能达到干品出口所要求的10%含水量。和晒干相比，晒干时间长，含水量高达15%，出口外销前还需要再次在烘房内烘干达10%含水量以便出口。

烘干程序：烘房预热达40 ℃→鲜大球盖菇上架→烘干脱水：要求慢升温，每隔1 h，气温上升3～4 ℃为宜，气温升到55～60 ℃维持到烘干为止，不可超此温度上限→定时翻菇：烘6～7 h后菇体内水分蒸发过半，要及时翻菇，菇体翻面，烘盘上下调换位置→复烘：烘至八成干时，将菇体取出装入塑料袋内存放1 d，让菇心水分向表面移动，达到内外水分一致。重新入烘房内复烘，可将含水量降到12%以下→干品储藏：烘干后分级趁干转入塑料袋密封，20～25 g一袋，然后装入纸箱，运输途中不要挤压；仓储时温度15 ℃，空气相对湿度65%左右即可。

（3）远红外线烘干

远红外线是一种穿透力很强的非可见光。常用碳化硅通电后产生3～9 μm波长的远红外线，其具有极强的加热烘干能力。用碳化硅做热源材料进行烘干的，称远红外线烘干法。烘房规格：长3 m、宽2 m、高2 m。正门有观察孔；顶部和底部安装碳化硅片；顶部和墙壁做隔热保暖层；顶部和四周打若干通气孔。使用前也要预热温度30～40 ℃，将大球盖菇移入烘房，每隔1 h温度调高3～4 ℃，最后升到50～60 ℃，保持4 h，菇体内含水量降到30%时，停止通风，继续保持1～2 h，会使含水量降到12%左右，一次烘干到要求的含水量，速度快（一次烘成），干菇质量好，菇房投资大。

（二）盐渍

盐渍大球盖菇主要利用食盐产生的高渗透压抑制微生物的生长，达到防腐保鲜的目的。吴少凤、姜慧燕和韦秀文等分别对大球盖菇的盐渍加工工艺进行了研究。

（1）采收

用于盐渍外销的大球盖菇的菇体应在六七成熟，即菌盖呈钟形，菌膜尚未破裂时采收，用竹片刮去菇脚泥沙，清洗干净。

（2）杀青

将清洗干净的大球盖菇的菇体放入5%食盐沸水中杀青煮沸8～12 min，具体煮制时间应视菇体大小而定，煮至菇体熟而不烂、菇体中心熟透为止。可采用"沉浮法"进行检测，即停火片刻，菇体下沉为熟，上浮为生；或将菇体置入冷水中，熟菇下沉，生菇上浮。煮制好后捞出，迅速放入冷水或流水中至冷透为止。杀青煮制用铝锅或不锈钢锅，切忌用铁锅，以免菇体色泽褐变影响品质。

（3）腌制

先配制40%饱和食盐水溶液，即称取精制食盐40 kg，溶解于100 kg开水中，冷却。然后将煮制冷却的大球盖菇从水中捞出，盛入洁净的大缸内，注入饱和盐水至淹没菇体，上压竹片重物，以防菇体露出盐水面变色腐败。压盖后表面撒1层面盐护色防腐，见面盐深化后再撒1层，如此反复至面盐不溶为止。

（4）转缸储存

大球盖菇在浓盐水中腌制10 d左右要转1次缸，重新注入饱和盐水，压盖、撒面盐至缸内盐水浓度稳定在24°Bé，即可装桶储存和外销。加工完毕后的食盐水可用加热蒸发的方法回收食盐，供循环使用。

装桶：专用聚乙烯塑料桶一般装50 kg菇体。装够重量后加入事先配制好的20%盐水，盐水中还要加入0.2%的柠檬酸，将盐水酸碱度调到pH值3.5以下，提高菇体抗腐能力。封桶之前在菇表面撒一些精盐，盖好桶盖，常温下可以储藏3～5个月。一般500 g蘑菇可以腌渍350 g。

（5）食用

盐渍加工的大球盖菇一般可保鲜3个月左右，食用时将菇体从盐水中捞出，放入清水中浸泡脱盐，即可烹调食用；也可将盐水菇放入1%柠檬酸液中浸泡7 min脱盐，捞起后用清水漂洗干净，烹调时可不放盐，以免增大咸度。

（三）制罐

制罐是大球盖菇一种常见的加工方法，可以储藏1～2年。玻璃瓶内销，马口铁瓶外销。

（1）选料

选七八成熟的大球盖菇，清选分级：菌盖大于5 cm为一级；3～5 cm为二级；小于3 cm为三级。

（2）清洗

0.6%的淡盐水中清洗。

（3）杀青

杀青液为5%盐水，沸腾状态下煮菇体5～8 min就可以煮透；菇水比例为1∶1.5。

（4）冷却

煮透菇体捞出迅速放入冷水中翻动降温或者流动冷水降温更好。

（5）称重装罐

罐内装入500 g内装物：其中菇体275 g，汤重225 g，允许误差±3%。

（6）灌汤

100 kg水中加入2.5 kg精盐煮沸后加入50 g柠檬酸，将酸碱度调到pH值3.5以下，用4～5层纱布过滤即成。汤灌入罐中的温度要保持在90 ℃。

（7）加盖

将罐头盖上的橡胶圈在开水中煮1 h，消毒同时软化，有利密封。

（8）排气

罐加盖后移入排气箱，箱内温度保持在90 ℃以上，排气15 min，时间的计算应该从罐中心温度达到75 ℃以上开始算起。

（9）封口

排完气后的罐要立即从排气箱中取出，置于真空封口机上进行真空封口，封口同时能进一步排气。

（10）灭菌

封过口的罐立即置于灭菌柜中进行灭菌。常压灭菌：10 min达到100 ℃，维持20 min，停止加热保持20 min取出；高压灭菌：1 kg/cm²的压力下保持30 min即可达到灭菌效果。

（11）冷却

灭完菌的罐立即从灭菌柜中取出，在空气中冷却到60 ℃后，浸入冷水中降到40 ℃，时间越短越好。

（12）检查

冷却后从水中取出罐，擦净罐盖置于37 ℃温度下保持5～7 d，抽样检查，汤清澈、菇体完整、保持原菇的颜色为合格品，同时淘汰漏罐和胖罐。

（13）包装

将合格的大球盖菇贴上标签，装箱入库或者销售。

（四）其他

大球盖菇中富含的糖分、蛋白质和牛磺酸等成分非常适合加工成调味品和饮品。杨悉雯以大球盖菇汁为原料制备了具有营养风味、保健养颜功效的大球盖菇醋和酱油。杨进等将大球盖菇在有酵母菌、嗜热链球菌、德氏乳杆菌的环境下分别发酵30～40 d，制得的大球盖菇酵素不仅具有清除DPPH自由基、超氧阴离子和修复亚健康的能力，还新增了丙酸、丁酸和γ-氨基丁酸等有机酸。郭福贵将大球盖菇液体菌种接入小麦粉培养基培养后连同培养基一起粉碎、干燥、炒制得到一种可被婴幼儿吸收的大球盖菇速食营养全麦粉。此外还有大球盖菇食用菌风味豆渣食品、大球盖菇玉米营养粉和大球盖菇方便食品等新食品。

（1）大球盖菇冲剂

原料：干大球盖菇10 kg、糊精12 kg、复合鲜味剂、精盐。

①碎粒、浸提。干品大球盖菇片粉碎至细粒，不锈钢锅中加入10倍量的水，在35～40 ℃温度下浸提3 h后，压榨过滤；滤渣再加5倍量的水40 ℃下再浸提3 h；压榨过滤，两次滤液混合一起。

②加糊精、干燥。在滤液中加入12 kg糊精，加热溶化，于60 ℃左右喷雾干燥。

③调配。在以上粉剂中加入复合鲜味剂、精盐。粉剂、复合鲜味剂、精盐三者重量比为100：15：4充分混合均匀即成。

（2）菇类酱油

方法一：以菇类杀青水为原料。取大球盖菇杀青水50 kg、食盐300 g、胡椒80 g、五香粉47 g、八角120 g、桂皮250 g、老姜切碎340 g，用2～3层纱布包好于菇类杀青水中煮沸1.5 h，使杀青水入味上色，然后除去纱布包调料即成。在以上产品中趁热加入花椒油、苯甲酸钠、食用色素、柠檬酸等，搅拌均匀，调配其溶液盐浓度16～18°Bé，冷却后过滤，即可装罐封口。产品为棕褐色或者红褐色，鲜艳而有光泽，菇味浓厚。

方法二：以加工过程中的废料菇柄、菇粉或者破碎菇为原料，先切成1 mm厚的菇条，烘干。将干菇用清水漂洗2～3次冲去污物、杂质。称取1 kg干品，加3倍量的净水，入铝锅中煮沸，提取30 min，用4层纱布过滤，滤液备用。取滤液3 kg，加入普通酱油50 g，食盐300 g加热搅拌均匀于90 ℃保温1 h，即成菇类酱油。

（3）菇酱

将加工过程中的大球盖菇下脚料清洁、烘干、粉碎，加入干菇重量60%～70%的蔗糖搅拌均匀，加水煮沸20～25 min成糊状，加入食盐、柠檬酸等，再加入明胶增加黏稠度，加强搅拌防止糊锅和焦糊。于菇酱中加入0.5%（体积比）苯甲酸钠，搅拌均匀趁热分装入经沸水煮过的带盖玻璃瓶中，加盖密封并于95～97 ℃下杀菌30 min，冷却后入库即为成品。

三、食用方法

大球盖菇含有K、Na、Ca、P、Zn、Fe、Mn等多种矿质元素，富含活性多糖、黄酮、维生素以及膳食纤维等多种有益成分，具有抗肿瘤、降血糖、预防心血管疾病、增强免疫力等功效。经检测大球盖菇鲜菇中游离氨基酸总量达2.66 g/100 g，且富含多种人体必需氨基酸。其鲜品具有细腻、嫩滑、脆爽、鲜甜、可口的特点，蒸、煮、煎、炒、爆、熘、烧、焖、煨、煸、烤、炖、拌的烹饪方法均可。大球盖菇干菇蛋白质含量可高达30.0%以上，氨基酸总含量超过16.0%，经过泡发再进行加工依然能够保持其脆爽鲜甜的口感和丰富的营养。

四、存在问题

市面上的大球盖菇以鲜货及盐渍、罐藏和烘干等传统加工为主，虽然已有少数大球盖菇相关产品在开发，但大球盖菇功能特性、作用机理、保鲜干制工艺及相关产品却罕见报道。目前大球盖菇的开发利用存在如下问题。

一是产品种类较单一、精深加工不足，导致附加值较小。

二是国际需求强劲而国内消费意识欠缺，国外如日韩、欧美对大球盖菇需求量很大，但国内大球盖菇的消费水平仍然低于香菇、平菇和金针菇等菌类，人们的消费观念有待提高，应加大对大球盖菇营养、功能性的宣传。

三是大球盖菇生物活性物质、药理活性机制研究深度欠缺，多为粗提物，顶多只进行到细胞实验层面。

四是储藏、保鲜、加工与干燥技术更是稀缺，缺乏大球盖菇安全性、有效性、质量和技术管控及标准。

第三章

贵州发展大球盖菇产业的优势及短板

第一节　贵州发展大球盖菇产业的优势

一、气候优势

（一）气候带的划分

贵州气候带的划分可分为南亚热带、中亚热带、北亚热带和暖温热带4个类型。

1. 南亚热带

罗甸、望谟、册亨、红水河流域及南、北盘江500 m以下河谷地带，大于或等于10 ℃积温6 200～6 400 ℃，最冷月平均气温9.8～10.1 ℃，年均温19.0～19.6 ℃，极端最低气温-3.9～-1.5 ℃。可种双季稻加小麦（油菜），一年三熟，盛产木棉、香蕉、芭蕉、龙眼、荔枝、夏橙、甘蔗等。

2. 中亚热带

东部和北部海拔400～800 m、西部海拔500～1 200 m，包括遵义市、铜仁市、黔东南自治州及黔南自治州各县，贵阳市、安顺市、黔西南自治州的中南部各县，年均温15～18 ℃，大于或等于10 ℃积温4 500～5 800 ℃，最冷月平均气温4～6 ℃，极端最低气温北部为-6～-1.9 ℃，西南部为-8～-3 ℃，东部为-13～-5 ℃。以一年稻麦（油）两熟为主，局部地区可一年双季稻、小麦（油菜）三熟，盛产茶叶、油茶、油桐、柑橘、棕榈等。

3. 北亚热带

包括毕节地区、六盘水市以及安顺市北部，东部海拔800～1 200 m。西部升至1 500～1 800 m，年平均温12～14 ℃，大于或等于10 ℃积温3 400～4 500 ℃，最冷月平均气温2～4 ℃，极端最低气温-10～-8 ℃。以玉米小麦（油菜）一年套作两熟为主，水田只能以早粳和早麦（油）一年两熟连作，盛产核桃、板栗、漆、油桐。

4. 暖温带

水城、赫章、威宁海拔1 800～2 000 m以上的高原山地，年均温10 ℃左右，最热月气温低于20 ℃，喜温作物已不能正常开花结实，大于或等于10 ℃积温2 500～3 400 ℃，只能一年一熟或两年三熟，盛产马铃薯、甜菜、荞麦等喜凉作物，苹果、梨等温带水果生长良好。

（二）气候资源丰富

贵州位于我国亚热带西部，云贵高原斜坡上。属于亚热带季风气候东半部在全年湿润的东南季风区内。西半部处于无明显的干湿季之分的东南季风向干湿明显的西南季风区的过渡地带。由于地处低纬度，高海拔，离海洋较近。境内中部隆起，向东、南、北3个方向逐渐降低，横亘于四川盆地和广西丘陵之间，加以山脉纵横，河流交错蜿蜒，致使地形地势甚为复杂，从而形成了气候的复杂性和多样性，虽然大部分地区气候温和湿润，但在山地、河谷的气候垂直变化却特别明显。冬半年由于北有秦巴山阻挡，南下冷空气多半绕道两湖盆地由偏北方向入侵，常在中部和西部形成静止锋，西部威宁、盘州市一带经常处于锋前位置，故冬季多晴朗天气，省之中部、东部正好处于锋后，故冬季多连阴雨天气。夏半年由于副热带高压控制，往往在东部连晴干旱，而西部却暴雨频繁，在副热带高压北跳的同时，雨带也随之北移，此时省内旱涝交替发生。

贵州的气候资源丰富，总的气候特点是：四季分明、春暖风和、冬无严寒、夏无酷暑、雨量充沛、雨热同季、多云寡照、湿度较大、降雨日数多、季风气候明显、无霜期长、垂直差异较大、立体气候明显。从光能资源来看，省内大部分地区的云量均在八成左右，日照百分率在25%～35%，日照时数1 200～1 600 h，使年太阳总辐射只有3 349～3 767 J/m²，在全国属光能低值区。但在4—9月集中了全年70%以上的日照和太阳辐射。所以基本上能满足作物对光能的需求。从热量资源来看，除西北高寒地区较差外，其余大部分地区年平均气温在14.0～18.0 ℃，最冷的1月平均气温在4.0～10.0 ℃，最热的7月平均气温在22 ℃以上，大于等于10 ℃，积温4 000～6 000 ℃，持续日数长达220～300 d。从水分资源来看，大部分地区年降水量在1 100～1 300 mm，4—9月集中了全年降水量的75%以上，基本能满足作物生长的需要。其各项气候资源分布如下。

1. 光能资源

太阳总辐射：全省绝大部分地区年总辐射在3 349～3 767 MJ/m²，东北部的道真、务川及贵定、锦屏等地不足3 349 MJ/m²，与四川盆地同为我国太阳总辐射最少的地区，只及全国年太阳总辐射最丰富的西藏、柴达木盆地的30%～50%。省内只是在西部和西南部边缘地区的少数县份可达4 186～4 605 MJ/m²，这仅仅与长江中下游和两广地区大致相等，与同纬度的邻近地区相比，主要少在冬半年。

年日照时数：省内年日照时数为1 100～1 400 h。西部最多，达到1 800 h，东北部最少，只有1 050 h，有西南向东北减少。贵州是全国日照最少的地区之一，还不到青藏高原和柴达木盆地的一半，也比同纬度的省份少30%～40%。年日照百分率，全省大部分地区在25%～35%，西部，西南部可达到35%～40%，其中威宁最高为41%，大娄山以北只有24%。

日照的年变化：冬季除威宁、盘州市高达318.3～434.9 h外，中部、南部及东南部只有150～300 h，在北部的遵义、正安、道真一带日照特少，仅100～110 h，这一代日照百分率只有10%～11%。春季的日照西部多，东部少。西部威宁503.2 h，至中部减少至300 h，到东部不足250 h。相应地日照百分率也由西部的50%向东部减少至25%以下。夏季全省日照数为450～550 h，地区差异不大，绝大部分地区的日照百分率都在40%～45%。秋季日照时数基本上呈纬向分布，南多北少，由350 h减少到250 h，日照百分率也相应由30%减少到20%以下。

2. 热量资源

热量资源空间分布：贵州年平均气温受海拔、地形影响甚于离海远近和地理纬度的影响。随着海拔自西向东、北、南3个方向降低而升高，全省为12～18 ℃，纬向分布不甚明显，大部分地区在14～16 ℃，有两个高温区，年平均气温均在18 ℃以上，一个在北部赤水河下游，另一个在南部红水河、漳江及都柳江下游。其中南部温度最高，罗甸达19.6 ℃，居全省之冠。西北部的威宁、大方、水城一带因地势较高，年平均气温不足12 ℃，以威宁的10.4 ℃最低。由于受地形地貌的影响，贵州的热量资源受海拔高度的影响影响很大，温度垂直变化明显，在一个地区、县、乡温度的差异很大，"立体气候"明显。这为发展食用菌产业创造了良好的条件。

热量资源时间分布：冬季最冷月1月，平均气温一般在3～6 ℃；大方、威宁、水城一带只有1.6～1.9 ℃，这里按候温大于10 ℃日数计，整个冬季长达4～5个月；赤水河谷达7.9 ℃，冬季日数只有2个月；册亨、望谟、荔波一带高达8 ℃以上；罗甸10.1 ℃为全省最高值，冬季日数只有半个月，是省内的"天然温室"。春季4月，除西部高寒山区在14 ℃以下外，各地气温回升至14～18 ℃；南北边缘县升至20 ℃左右，春季越向东增温幅度越大，增幅达6～9 ℃。夏季7月，南、北、东边缘地区达26～28 ℃，其余大部分地区在22～26 ℃，没有国内同纬度较低海拔地区那样的酷热高温天气。因此，贵阳被誉为"第二春城""避暑山城"；水城、威宁一带不到20 ℃，"冬长无夏，春秋相连"，是省内无夏季地区。秋季10月，除南北边缘地区尚在18～20 ℃外，其余大部地区降到12～16 ℃，东北部气温下降11 ℃，越向西降温幅度越小，西南边缘一隅下降幅度不到8 ℃。

极端温度：省内极端最高气温可达40 ℃以上。海拔较低的铜仁、罗甸、赤水为3个高温中心。铜仁地区范围最大，高达42.5 ℃，为全省极值；罗甸为40.5 ℃；赤水为41.3 ℃。海拔1 000 m以上各地极端最高气温只有32～36 ℃，大于或等于35 ℃的高温天气在中西部极少出现，夏季对作物的无效积温甚少，基本上无杀伤性高温。省内绝大部分地区极端最低气温达-6 ℃以下。西部低温区低至-15～-10 ℃；威宁-15.3 ℃，为全省最低。东北部低温区为湘黔边境一带，低至-13～-8 ℃，由于位居冬季冷空气入侵要冲，极端最低气温比中部海拔800～1 200 m处要低。三穗低至-13.1 ℃，为省内第二最低值。

3. 水分资源

贵州的多年平均降水量达1 100～1 300 mm，不仅是国内降水量比较丰富的地区，而且也是年变率较小，变化稳定的地区。

贵州的年降水量分布，总的来说是南多北少，山脉的迎风面多，背风面少。在省的中部苗岭东西两端的迎风坡，是两个多雨区。西区包括黔西南州大部、六盘水市东部、安顺市西部、年降水量达1 300～1 500 mm，中心在晴隆，多达1 538.3 mm，为全省之冠。东区范围稍小，包括黔南州东部、黔东南州西部，年降水量达1 250～1 350 mm，中心在丹寨，雨量达1 451.9 mm。此外在武陵山东南迎风坡的铜仁、江口、松桃是次多雨区，年降水量只有850～1 050 mm。大娄山北坡的道真、正安及乌蒙山西坡赫章、威宁等地是省内的少雨区，年降水量只有850～1 050 mm，其中以赫章的854.2 mm，居全省最少，各地年降水量中夜雨占50%以上，安顺、六枝一带高达70%。

二、生态优势

（一）环境空气质量优良

根据贵州省生态环境厅正式发布的2020年和2021年贵州省生态环境状况公报来看。

1. 中心城市环境空气质量

2020年，9个中心城市环境空气质量均达到《环境空气质量标准》（GB 3095—2012）二级标准。详见表3-1和表3-2。

9个中心城市AQI优良天数比例平均为99.2%，同比上升1.2个百分点。其中：贵阳市98.9%，同比上升0.8个百分点；遵义市99.2%，同比上升1.1个百分点；六盘水市100%，同比持平；安顺市99.5%，同比下降0.2个百分点；毕节市98.6%，同比上升1.6个百分点；铜仁市98.9%，同比上升5.7个百分点；凯里市98.9%，同比上升1.1个百分点；都匀市98.9%，同比下降0.3个百分点；兴义市100%，同比上升1.1个百分点。

表3-1 环境空气质量评价依据《环境空气质量标准》（GB 3095—2012）

环境空气污染物基本项目浓度限值

单位：μg/m³（一氧化碳为：mg/m³）

	二氧化硫	二氧化氮	一氧化碳	臭氧	可吸入颗粒物	细颗粒物
日均值一级标准	50	80	4	100	50	35
日均值二级标准	150	80	4	160	150	75
年均值一级标准	20	40			40	15
年均值二级标准	60	40			70	35

表3-2 2020年全省9个中心城市环境空气指标年均值统计

单位：μg/m³（一氧化碳为：mg/m³）

城市名称	二氧化硫	二氧化氮	可吸入颗粒物	细颗粒物	一氧化碳百分位	臭氧8 h百分位	实达类别	超标污染物
贵阳市	10	18	41	23	0.9	113	二级	—
遵义市	11	19	30	18	0.8	118	二级	—
六盘水市	9	15	34	22	1.1	102	二级	—
安顺市	13	11	29	23	1.0	120	二级	—
毕节市	8	16	35	24	0.8	124	二级	—
铜仁市	4	16	41	25	1.0	94	二级	—
凯里市	18	19	33	24	1.0	102	二级	—
都匀市	7	9	27	17	0.9	102	二级	—
兴义市	6	14	29	19	0.8	114	二级	—
9城市平均	10	15	33	22	0.9	110	二级	—

注：一氧化碳指标浓度为一氧化碳日均值第95百分位数，臭氧指标浓度为臭氧日最大8 h值第90百分位数。

2. 县城环境空气质量

2020年，全省88个县（市、区）环境空气质量均达到《环境空气质量标准》（GB

3095—2012）二级标准。

全省88个县（市、区）AQI优良天数比例平均为99.4%，同比上升1.1个百分点。其中，贵阳市10个县（市、区）平均为98.9%，同比上升0.8个百分点；遵义市14个县（市、区）平均为98.7%，同比上升1.3个百分点；六盘水市4个县（市、区）平均为99.9%，同比上升0.6个百分点；安顺市6个县（市、区）平均为99.6%，同比上升0.1个百分点；毕节市8个县（市、区）平均为99.6%，同比上升0.9个百分点；铜仁市10个县（市、区）平均为98.9%，同比上升3.0个百分点；黔东南州16个县（市、区）平均为99.7%，同比上升0.9个百分点；黔南州12个县（市、区）平均为99.7%，同比上升0.6个百分点；黔西南州8个县（市、区）平均为99.9%，同比上升0.5个百分点。

2021年全省环境空气质量总体优良，9个中心城市AQI（空气质量指数）优良天数比例平均为98.4%，9个中心城市环境空气质量均达到《环境空气质量标准》（GB3095—2012）二级标准；88个县（市、区）AQI优良天数比例平均为98.6%，88个县（市、区）环境空气质量均达到二级标准。

（二）森林覆盖率高，野生资源丰富

贵州植被具有明显的亚热带性质，组成种类繁多，区系成分复杂。森林发育的生境条件复杂多样，森林类型的地理分布错综复杂，全省分为东部湿润性常绿阔叶林地带、西部半干旱半湿润性常绿阔叶林地带、南部边缘半湿润山地季雨林地带3个地带。全省具有完整群落结构的乔木林占比较大，森林生态系统类型多，稳定性高，森林资源持续稳定健康增长。截至2021年年底，全省森林覆盖率达到62.12%，开展乡村绿化美化，全省村庄绿化覆盖率达到44.22%，对贵州省乃至长江流域、珠江流域的经济社会可持续发展和生态环境的保护及改善、生物多样性维持均发挥了极其重要的作用。

贵州省林下植物十分丰富，形成具有多样性的森林生态系统，非常适合各种野生食用菌繁衍和生长，同时也是我国野生食用菌资源比较富集的地区。据相关资料记载，贵州的大型真菌有789种，隶属202属，44科，其中可食用菌268种，种类占全国80%以上。但目前对野生食用菌的保育和可持续发展制度还不完善，过度和掠夺性采集现象还未得到有效遏制，野生食用菌的开发利用研究还需加强。

（三）生态质量优良

得益于贵州省的生态环境建设工作，近年来，贵州省生态环境质量一直位居全国前列。2020年，全省生态环境状况指数（EI）值为65.7，生态质量为"良"，总体保持稳定。全省88个县域生态质量为"优"的有3个，分别为赤水市、榕江县和剑河县，占全省国土面积的4.16%；生态质量为"良"的有81个，占全省国土面积的93.46%；生态质量为"一般"的有4个，占全省国土面积的2.38%。

第二节 贵州发展大球盖菇产业存在的问题

一、山高坡陡，土地破碎

贵州是全国唯一没有平原支撑的省份，省内地形破碎、山高坡陡、河谷深切、石多土少、土层浅薄、土地不连续不适宜大面积农耕。贵州土壤的耕作条件具有山地丘陵多、平坝地小、宜林地广、耕地少、耕地质量较差、中低产田土面积大的特点。山地面积为108 740 km²，占贵州省土地总面积的61.7%，丘陵面积为54 197 km²，占贵州省土地总面积的31.1%；山间平坝区面积为13 230 km²，仅占贵州省土地总面积的7.5%。贵州地貌属于中国西南部高原山地，全省地貌可概括分为：高原、山地、丘陵和盆地四种基本类型，其中92.5%的面积为山地和丘陵，境内山脉众多，重峦叠嶂，绵延纵横，山高谷深。地势西高东低，自中部向北、东、南三面倾斜，平均海拔在1 100 m左右，北部有大娄山，自西向东北斜贯北境，川黔要隘娄山关高1 444 m；中南部苗岭横亘，主峰雷公山高2 178 m。贵州高原山地居多，素有"八山一水一分田"之说。在发展大球盖菇种植方面不利于原材料的运输和规模化连片种植。

二、前期投入较高，生产面积难以扩大

大球盖菇生产是利用农作物秸秆废弃物和杂草等作为栽培基料，大球盖菇菌种在其中分解发育，将植物纤维转换为人类可食用蛋白质的过程。这其中栽培基料的需求量相当大（亩用量2~4 t），也是种植投入中占比较大的一块。虽然贵州全省的菌材资源来源丰富，但因受土地破碎及种植地山高坡陡的影响，材料收集不易，使得栽培基料到田价非常高，致使大球盖菇种植的前期投入较高，提高了产业发展的进入门槛。

三、生产水平低，优质菇出品率低

大球盖菇种植具有管理粗放，周期短，见效快的特点，加之部分企业在推广宣传中的不当引导，使得种植户对其了解不全面，期望值过高，在没有经过系统培训的基础上而盲目上马项目。在实际生产中，种植人群随意的改变生产种植基料的配方，不对种植土壤的杂菌进行消毒，不按照严格的要求进行水分管理，不采取必要的种植地覆盖处理，常常造成种植基料含水不均，受涝受旱，菌丝长势弱的现象出现。管理技术的不到位直接导致后期出菇不整齐，再加上采收不及时，使得整体特优级菇出品率低，产值受到极大的影响。最终导致种植效果不理想，达不到预期。

四、菌种管理混乱，经济效益波动大

近几年贵州省在发展食用菌产业上投入非常大，食用菌产业得到了蓬勃的发展，随着产业发展的壮大，菌种供应市场的短板也逐渐暴露出来。菌种供应市场鱼龙混杂，菌种生产企业水平参差不齐。一些供应单位设备简陋、操作不规范等，导致提供的菌种质量较差，最终形成菌种管理混乱的局面，对食用菌的生产产生极大的负面影响，对种植户的收益和产业发展的影响非常大。

五、产品供应以原材料为主，加工程度不高

目前，贵州生产的大球盖菇基本是以鲜销为主，鲜菇耐储性差，货架期短，受市场影响大，初、深加工程度不高，产业结构单一，附加值低。缺少专业技术人员，另技术服务体系也不完善。同时在进行采后处理和加工方面都是落后的，冷链物流系统并没有建立，整体市场体系建设缺乏，运输成本高，销售模式混乱等。因此，研发高层次、多类型的大球盖菇产品已迫在眉睫。

第四章

大球盖菇菌种生产

第一节　菌种的分类

食用菌菌种是指食用菌菌丝体及其生长基质组成的繁殖材料。菌种分为母种（一级种）、原种（二级种）和栽培种（三级种）三级。

一、菌种的概念

菌种是指食用菌菌丝体及其生长基质组成的繁殖材料。

二、菌种的分级

按照《食用菌菌种管理办法》和《食用菌菌种生产技术规程》NY/T 528—2010的规定，菌种可分为母种（一级种）、原种（二级种）和栽培种（三级种）三级。

（一）母种（stock culture）

母种是指经各种方法分离、选育或杂交得到的具有出菇能力的菌丝体纯培养物及其继代培养物。

（二）原种（pre-culture spawn）

原种是指由母种移植、扩大培养而成的菌丝体纯培养物。

（三）栽培种（spawn）

栽培种是指由原种移植、扩大培养而成的菌丝体纯培养物，也称生产种。

三、菌种的类型

食用菌菌种的类型可按照菌种的物理状态和培养料性质进行分类。

（一）按照物理性质划分

固体菌种（solid spawn）。固体菌种是指培养基为固体的菌种。目前我国食用菌生产使用的各级商品菌种大多为固体菌种，如以试管为容器的斜面一级种和以菌种瓶或聚丙烯塑料袋装的二级种或三级种。

液体菌种（liquid spawn）。液体菌种是指培养基为液体的菌种。

（二）按照培养料性质划分

麦（谷）粒种：以小麦等禾谷类作物种子为培养基。麦粒种适合于作食用菌的原种。大球盖菇谷粒种如图4-1所示。

图4-1 大球盖菇谷粒种

1. 木屑种

以阔叶树木屑为主料，配以麦麸、米糠等辅料为培养基。木屑种适合于多种木屑菌类的食用菌栽培，如木耳、毛木耳、香菇、灵芝、猴头菇、蜜环菌、杨树菇（柱状田头菇）等。

2. 木塞种

以木塞颗粒为主料，配以一定量的木屑填充物为培养基，适合于作段木栽培香菇、木耳的栽培种，也适合于作茯苓、猪苓、蜜环菌等的栽培种。

3. 草料种

以作物秸秆为主料，适量加入麦麸、米糠等辅料为培养基，适合于多种草本代料栽培的种类，如平菇、凤尾菇、鲍鱼菇、盖囊菇、阿魏菇、杨树菇（柱状田头菇）、草菇、猴头菇、金针菇、鸡腿菇等。草菇草料种如图4-2所示。

图4-2　草菇草料种

4. 粪草种

以畜粪和秸秆为主要原料的培养料，适合于作双孢蘑菇、大肥菇、巴西蘑菇的栽培种。

在大球盖菇实际生产中以液体菌种和固体菌种中的草料种为主。

第二节　制种主要设备

一、灭菌设备

母种培养基必须经过高压灭菌，因此，必须配备各型高压灭菌器。母种培养基灭菌最常用的是手提式高压灭菌锅（图4-3），原种和栽培种培养基的灭菌可选用立式高压锅（图4-4）或卧式高压锅（图4-5）。不可常压灭菌（图4-6为常压灭菌房）。

图4-3　手提式高压灭菌锅　　图4-4　立式高压锅　　图4-5　卧式高压锅

图4-6　常压灭菌房

二、接种设备

（一）超净工作台

超净工作台能让空气经预过滤器和高效过滤器除尘、洁净后，以垂直或水平层流状态通过操作区，在局部创造高洁净度的无菌空间。超净工作台有双人、单人、双面、单面等多种类型（图4-7）。

图4-7　超净工作台

（二）接种箱

接种箱是为接种创造局部无菌空间、满足无菌操作要求的专用简易设备。生产上常采用木质结构，规格有单人式或双人式。前后斜面为玻璃窗，便于操作时观察，并可开启用于取放物品。窗下木板有一对椭圆形孔作为操作孔，装有长白布袖套，一端固定在孔上，另一端套口用松紧带箍住操作者手腕。接种箱应放在专用无菌接种室内。箱内安装日光灯和紫外线灯各一盏（图4-8）。

图4-8　接种箱

三、培养设备

（一）控温系统

母种培养适宜温度的调节设备有：电热恒温箱或隔水式电热恒温箱、空调或空间加热器。夏季温度较高的地区，应配备生化培养箱（图4-9），用于降温培养。

原种、栽培种控温包括加热、加湿和降温3个方面。加热：应选用带有自动控温功能的暖风机、电暖器等。电炉、煤炉、炭火等存在很多安全隐患，温度也难以控制，煤炉、炭火等还常引起培养室内二氧化碳浓度过高，抑制菌丝生长，均不宜使用。加湿：室内温度提高后，相对湿度会降低，需调控湿度。降温：为满足食用菌菌种生长的需要，夏季应具有空调等降温设备。

图4-9　生化培养箱

（二）培养架

培养架的架数、层数、层距要考虑到培养室的空间利用率以及检查菌种是否方便。原种培养架的层距应不低于400 mm，顶层离顶板不低于750 mm，底层离地面不低于300 mm，层宽应不超过1 000 mm；层板最好用50 mm窄板铺钉，窄板间距为20～30 mm，保证上、下层有较好的对流，使上、下层温度较一致（图4-10）。

图4-10　培养架

四、配料装料设备

（一）切片机

切片机可将木材切成木片，再由粉碎机将木片粉碎为木屑。常用的切片机有ZQ-600型、MQ-700型，每小时切木片2 000～3 000 kg，配套动力为10～13 kW（图4-11）。

图4-11　切片机

（二）粉碎机

粉碎机是指将木片、秸秆等原料粉碎成一定粗细度碎屑的专用机械。按结构形式可分为锤片式粉碎机（如9FS-500型，配套动力10～22 kW，每小时粉碎量200～300 kg）和组合式粉碎机（切片、粉碎两用，如QX-420型，配套动力为10 kW，每小时粉碎量300 kg）（图4-12）。

图4-12　粉碎机

（三）过筛机

用塑料袋作为栽培种的容器时，可用过筛机清除木屑中的木块、碎木等杂物，避免这些物料刺破塑料袋。普通过筛机的配套动力为0.75 kW，每小时筛选量200 kg（图4-13）。

图4-13　过筛机

（四）搅拌机

搅拌机用于均匀混合培养基配方中各组分培养料。根据搅拌轴上固定的拌料器不同，可分为叶轮式和螺旋式两种。螺旋式搅拌机性能标准是开机3 min，培养料均匀度变异系数应小于10%，配套动力为3 kW，每次拌料量为100 kg湿重（图4-14）。

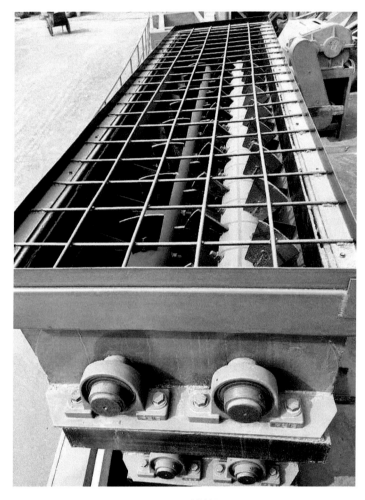

图4-14 搅拌机

（五）装瓶机

装瓶机是指将培养料装入菌种瓶的专用机械。

（六）装袋机

装袋机用于将混合均匀后的培养料填入塑料菌种袋，可用于栽培种生产。装袋机有冲压式、推转式、手压式等多种形式，构造均由料头搅拌器、输送器、传动装置、操纵机械和机架等组成（图4-15）。

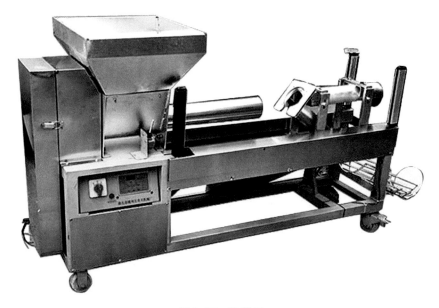

图4-15　装袋机

五、保藏与储存设备

（一）电冰箱或冷藏箱

电冰箱或冷藏箱为中、低温菌类进行常规低温保藏的主要控温设备，用以提供4～5 ℃的保藏温度。

（二）生化培养箱

生化培养箱具有加温和降温两个控温系统，可作为培养箱使用，也可作为菌种保藏设备使用。草菇等高温型菌类可置于温度设置为15 ℃的生化培养箱中保藏。

（三）空调

菌种保藏室与留样室，须配备温度调节设备，以控制菌种温度在4～6 ℃。尤其在夏季，由于冰箱、冰柜、生化培养箱工作，而使室内温度提高从而影响制冷效果，所以也应配备空调以降低室内温度。

第三节　菌种制备材料的选择

菌种制备所需的材料主要为种源和培养基两部分。

一、种源

母种的种源主要来自优选菇体的分生组织（图4-16）、孢子或菌丝体（图4-17）。大球盖菇生产中的母种主要从优选菇体的分生组织中获得。原种及栽培种的种源均来自上一级。

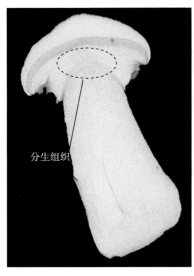

图4-16　分生组织

图4-17　菌丝体

二、培养基

培养基（medium）是指培养物生长所需营养物质的液体或固体混合物。培养基是食用菌生长的"土壤"，是其生命活动的"食粮"。一个好的培养基必须具备3个条件：第一，含有被培养菌株生长所需的物质（水分；营养；适宜的酸碱度）；第二，具有强烈的生长反应；第三，经过严格的灭菌处理，保持无菌状态。常用的培养基有：琼脂培养基、固体培养基、液体培养基，用到的材料主要有：琼脂、马铃薯、玉米、稻壳、麦麸、蔗糖和葡萄糖等。培养基的配方根据母种、原种及栽培种的培养需要有所区别。

（一）琼脂

琼脂是制备微生物培养基的凝固剂，见图4-18和图4-19。它是从海生红藻（主要是石花菜）中提炼的冻胶状物质，98 ℃时溶化，45 ℃时又恢复成凝胶状，其商品形式主要为条状和粉状。琼脂的主要成分是半乳糖及少量葡糖醛酸，因此不能成为真菌的碳源营养。所以在没有添加营养物质的水琼脂培养基上菌丝不能生长。琼脂的主要作用在于使培养基呈凝胶状态，起支持菌丝生长的作用。每升培养基内琼脂的含量一般为17～22 g，在自然气温较高，酸度较低和某些特殊情况下，琼脂的用量可以增加到25 g/L。超过这一水平培养基容易炸裂并对菌丝生长不利。

图4-18　琼脂条

图4-19　琼脂粉

（二）马铃薯

马铃薯淀粉是制备培养基的主要材料，见图4-20。在生产中应用马铃薯淀粉有两种方法：一种方法是将新马铃薯（土豆）洗净并挖去芽眼，削除表皮之后称重，取马铃薯200 g，切成丝，在1 000 mL水中煮沸15～30 min，稍冷却，后用多层纱布过滤，取滤清液并补充水分足1 000 mL。这种利用马铃薯淀粉的方法应根据需要在制种时现制现用。

图4-20　马铃薯淀粉

另外一种方法是将去皮去芽眼的马铃薯打成细浆，盛在容器中加水调匀并用四层纱布过滤2~3次，将滤液自然沉淀，沉淀结束后除去上清液，然后，将得到的淀粉薄摊于玻璃板上干燥。最终将充分干燥的淀粉密封在容器中，这样便可在今后需要制种时随时取用。制种时称淀粉20 g，加水1 000 mL即可。用这种方法制取的马铃薯淀粉的营养成分几乎不受破坏。

（三）常用配方培养基

1.马铃薯，葡萄糖，琼脂培养基（PDA）

马铃薯200 g；葡萄糖20 g；琼脂20 g；水1 000 mL；pH值自然。

PDA培养基是基本培养基之一，简称PDA培养基。广泛适用于培养各种菇类，但是，此配方不适合草菇，猴头菇菌丝的生长。

2.马铃薯，蔗糖，琼脂培养基（PSA）

马铃薯200 g；蔗糖20 g；琼脂20 g；水1 000 mL；pH值自然。

PSA培养基与PDA培养基生长反应基本相同，但是培养平菇时，菌丝长势还不及PDA好。

3.马铃薯综合培养基

马铃薯200 g；葡萄糖20 g；磷酸二氢钾3 g；硫酸镁1.5 g；维生素B_1 5~10 g；琼脂20 g；水1 000 mL；pH值自然。

该培养基适合草菇，灵芝，猴头，茯苓，金针菇等的培养。其中的维生素B_1可用酵母膏0.5~1 g代替。如果在配方中另外加入蛋白胨20 g，猴头菌丝会生长得更加旺盛并延缓老化。

第四节　菌种生产

一、菌种生产场地的规范

我国对食用菌菌种生产制定了《食用菌菌种管理办法》。在其第十五条（3）（4）及第十六条（3）（4）明确规定：申请母种和原种《食用菌菌种生产经营许可证》的单位和个人，应有相应的灭菌、接种、培养、储存等设备和场所，有相应的质量检验仪器和设施。生产母种还应当有做出菇试验所需的设备和场所。生产场地环境卫生及其他条件符合我国农业农业部《食用菌菌种生产技术规程》要求。申请栽培种《食用菌菌种生产经营许可证》的单位和个人，应有必要的灭菌、接种、培养、储存等设备和场所，有必要的质量检验仪器和设施；栽培种生产场地的环境卫生及其他条件符合我国农业农村部《食用菌菌种生产技术规程》要求。

（一）菌种场（厂）的选址及规划

母种生产不仅要有培养基制备、灭菌、接种、培养、保藏等设备和场所，还必须具备出菇场所，即具备料场、晒场、配料场、装料场、灭菌室、冷却室、接种室、培养室等相应独立的场所。这些场所布局是否合理，关系到效率和菌种污染率的高低，从而直接影响着菌种场的经济效益。菌种场的布局应遵循以下原则，并结合地形、方位，统筹安排：

1. 远离污染源

菌种场要远离禽舍、畜厩、垃圾场、工厂等污染源。菌种场与这些污染源的最小距离为1 000 m。

2. 功能场所齐全

菌种场应包括料场、晒场、配料场、装料场、灭菌室、冷却室、接种室、培养室、保藏室9个相对独立的能执行其特定功能的场所或建筑。整个菌种场划分为非无菌区（备料、晒料、配料、装料）和无菌区（冷却、接种、培养、保藏）两大区域。非无菌场所应设在菌场下风向位置；办公、出菇栽培、试验、检测、生活等场所也应设在菌种场下风向的位置。

3. 生产线的走向合理

应以菌种制作流程来安排生产线的走向，防止交错。灭菌室宜尽量靠近冷却室。冷却室是无菌区的开始，灭菌室和冷却室间的距离越短越好。若采用双门灭菌锅，锅体外用隔墙分隔成两部分，灭菌时从灭菌室一端的门进锅，灭菌结束后从冷却室一端的门出锅，是最理想的布局。接种室与冷却室之间应设置缓冲过道，从缓冲道进入接种室，接种室设置进、出两个推拉门。

4. 功能场所特定要求

（1）灭菌室

灭菌室要求通风、排气、排湿性能良好，水电方便，空间开阔，空气畅通，散热性能强。

（2）冷却室

冷却室要求按无菌室标准构建，空间干燥、洁净、防尘，既便于散热，又便于封闭进行空间消毒，内设推拉门，外设缓冲间。冷却通常是自然冷却，不需要任何设备。

（3）接种室

接种室每间10 m²左右，内有接种箱或净化工作台。应按照无菌室要求设计与构建：无菌室外一般应配有较小的缓冲间（用于放置工作服、拖鞋、消毒药品等）；无菌室内外门应沿对角线安装两扇推拉门，以提高隔离缓冲效果；必要时可安装一个双层小型玻璃推拉窗，便于内外物品传递，以减少进出无菌室的次数；无菌室内要求严密、光滑、清洁，并安装紫外线杀菌灯；四周及上下六面光滑，易清洗，可密闭，可通风，永久性接种室的地面设有防潮层。工厂化接种间如图4-21所示。

图4-21　工厂化接种间

（4）培养室

培养室高度以2.5～3.0 m为宜，可设置数间，以满足不同种类、不同批次、不同培养温度要求。培养室应按无菌室要求进行设计与构建。要求墙壁厚，保温恒温性能好，并有温控设施。设置推拉门，门边墙体的下角应设置面积为30 cm²的进气口，对墙的上角应设排气口。要求进气口、排气口均可开闭。简易培养室直接将住房墙缝填补平刷白即可，即使是最简陋的培养室，地面也应选用水泥地面，并注意地面隔潮。

（5）保藏室与留样室

菌种保藏室要求通风、干燥、宽敞、阴凉、避光，有良好的隔热性能，并配备保藏设备。《食用菌菌种生产技术规程》规定，销售的每一批号的原种和栽培种都应留样5～7袋（瓶）于4～6 ℃环境条件下储存，直至该批号菌种出售后在正常生产条件下出第一潮菇（耳）为止。由于留样菌种的储藏期往往长于原种和栽培种的储藏期，因此，需要配备留样室。留样室的环境条件要求与储藏室相同，可以与储藏室合二为一，分区使用，根据生产批量和批次确定配建足够大的场所，并配备温度调节设备。选用设备以控制菌种温度在4~6 ℃为宜。

（6）栽培场

栽培场是指从事母种生产的菌种场。应根据生产母种的种类及其生物学特性和常用的栽培模式，配备相应的栽培出菇场所。例如：生产金针菇母种的菌种场，必须配备袋料床架的出菇场所；生产毛木耳母种的菌种场，必须配备袋料墙式栽培的出菇场所；生产双孢蘑菇、草菇母种的菌种场，必须配备床栽的出菇场所；生产香菇母种的菌种场，必须配备菌筒栽培的出菇场所等。生产大球盖菇母种须配备床栽的出菇场所。

（7）料场

料场是指制种材料的储备场所。要求地势高，通风良好，干燥，远离火源。

（8）晒场

晒场宜选择在菌种场的下风向，要求地势开阔、空旷、干燥的水泥硬地，每日能最大限度地接受阳光辐射，远离火源。

（9）配料、装料场

配料、装料场要求地形平坦、场所宽敞、光线明亮，以水泥地面为宜，水电方便。配料车间内应分别安排人工配料和机械配料生产线，配置水龙头及洗涤槽等。装料场是培养基分装的专用场所。若不是特别大规模的菌种场，装料场多与配料场合二为一（图4-22）。

图4-22　配料装料场

（二）菌种场（厂）的消毒

食用菌菌种易受环境中的杂菌和病虫影响，为保证菌种生产的合格率，需对生产场地定期进行消毒杀菌工作。对培养室、出菇室、接种室或菌种场（厂）内的空间进行消毒，主要使用熏蒸剂、无机类，灭菌消毒用药在食用菌进料和种植之前使用，对食用菌生长没有直接的影响。在菌袋可以添加石灰、漂白粉、甲醛、多菌灵、代森锌、甲基托布津等消毒剂或杀菌剂，预防食用菌培养初期杂菌感染等。最后用于抑制或消灭食用菌生长过程产生的病虫害。如辛硫磷、三氯杀螨醇、多菌灵、鱼藤精、甲基托布津、乙酰甲胺磷、溴氰菊酯、除虫菊酯、代森锌、史百克、锐劲特、百菌清等，但剂量不能过大。

二、菌种生产流程

（一）母种生产流程

母种制作基本工艺流程为：种源→培养基配制→分装→灭菌→冷却→接种→培养（检查）→成品。

母种种源对菌种生产影响重大。如果菌株是引进的，必须经有关部门验收，并登记确认；如果菌株是选育的，必须经有关部门验收、鉴定，并经省级农作物品种审定委员会审定或认定。常以玻璃试管为容器进行菌种培养和销售。

无论是直接从育种者或受育种者授权的单位引进菌种，还是母种生产企业自己选育并保藏的菌种，生产母种之前都应进行出菇试验，以确定其种性是否优良。以首发菌种的菌丝体限额繁殖的菌种，常以玻璃试管为容器进行培养和销售，经省级主管部门审批，由具有一级种生产销售许可证的单位限额供种。

母种需经酯酶（Est）同工酶类型鉴定，确认其遗传类型与对照相同后，还需通过出菇试验确定产量及品质等栽培农艺性状合格，方可用于扩大繁殖或出售。

（二）原种生产流程

原种生产工艺流程为：母种→配料→分装→灭菌→冷却→接种→培养及检查→成品→储存。

生产原种用的母种要从具有母种生产资质的单位购买。供应母种的单位和厂家必须符合我国农业农村部颁发的《食用菌菌种管理办法》中的生产母种资质和条件。

（三）生产种生产流程

生产种制作工艺流程为：称料→干拌→湿拌→过筛→装瓶（袋）→清洁瓶（袋）口→塞棉塞→灭菌→冷却→接种→培养→检验→包装→出售。

菌瓶（菌袋）装料高度为容量高度的4/5。种菌袋通常选用规格为（14～15）cm×（28～30）cm的聚丙烯塑料袋。

以二级种的菌丝体繁殖的菌种，常以透明的玻璃瓶或塑料薄膜袋为容器进行培养和销售，并由具有一、二、三级种生产销售许可证的单位或个人生产销售。

（四）菌种繁殖系数

二级种由一级种繁殖扩大而成，三级种由二级种繁殖扩大而成。为保证菌种质量，一支试管母种可转接扩繁30～40支试管，每支一级种试管扩接4～6瓶二级种，每瓶750 mL二级种扩接40～50瓶（袋）三级种。

三、母种生产

母种的分离选育母种主要采用人工选择、诱变育种、杂交育种和原生质融合等手段获得。大球盖菇生产中一般采用人工选择方式分离培育母种，具体步骤与操作方法如下。

（一）种源采集

采集种源从人工栽培群体中，选择有代表性的优良菇体作为种源。种菇的标准是：八成熟，朵形圆正、肉质肥厚，无病虫害。采集1～2朵符合上述标准的种菇编上号码，作为分离母种的材料。从栽培室采集的应标有原菌株代号。

（二）培养基配制

大球盖菇母种培养基常用配方为：马铃薯200～250 g，琼脂15～20 g，葡萄糖20～25 g，清水1 000 mL。也可以加硫酸镁1～1.5 g，维生素B_1微量，磷酸二氢钾2～3 g。先将马铃薯洗净去皮，切成薄片，置于铝锅内加水煮沸30 min，捞起后用多层纱布过滤，取汁。然后将琼脂加入汁内，边加热边搅拌，让琼脂充分溶化；再将葡萄糖等加入，稍煮几分钟后，同样用4层纱布过滤，取其汁液。将汁液趁热装入玻璃试管内。装至管长的1/5，管口用棉花塞紧，或将汁液装入玻璃三角瓶内，装量20 mL。然后置于高压锅内，在98～108 kPa/cm²的压力下灭菌30 min左右。灭菌后及时取出，趁热将试管斜排于桌上，冷却后即成为固体斜面培养基。1 000 mL通常可装120支试管，每支试管可接种3～4瓶原种。

（三）母种分离方法

母种分离方法有孢子弹射、组织分离和基内分离3种方法，大球盖菇生产上常用组织分离法。组织分离法是将消毒过的种菇，在接种箱内用手从菇柄处对半解开，或用刀片切开，使菇体形成对开。在菌盖和菌柄交界处或菌褶处，用接种刀切取一小块菇体，然后纵切成5 mm×10 mm的小薄片，用接种针挑取一块薄片，接入斜面培养基的中央，每支试管接种一小块薄片，待其萌发菌丝，即可得到母种。

（四）适温培养

通过上述方式将菌种分离接种于试管后，要及时将试管移入已消毒的培养箱或培养室内培养，温度控制在25 ℃左右，使分离获得的孢子或菌丝在适温下发育。组织分离接种后2～3 d，菌丝即萌发，并在培养基上蔓延生长。

（五）选育提纯

通过上述方法得到的菌丝，不一定都是优质的，还需要选育提纯。因此，在菌丝萌发后，要认真观察，挑选色泽纯、健壮、长势正常、无间断的菌丝，在接种箱内连同培养基钩取菌丝，接入另备的试管培养基上。在23～25 ℃的恒温条件下，培养7～10 d，待菌丝长满管后，再进行观察，从中择优取用，即为"母代"母种。

（六）转管扩接

母代母种可以转管扩接成"子代"母种。采用同样的斜面培养基，每支可扩接30～50支子代母种。生产上供应的多为子代母种。子代母种可以再次转管扩接，一般每支可扩接成20～25支子代母种，但转管次数不得超过5次。

四、原种生产

（一）原种培养基配制

大球盖菇原种培养基常用配方：稻壳90%，麦麸10%，蔗糖1%，石膏1%。根据生产量按照配方比例称取各材料的用量。谷壳需提前1 d用水湿透，然后按照比例加入麦麸、糖、石膏，湿度达到65%，装入瓶中，高压灭菌，灭菌时间温度达到121 ℃时维持2～3 h，冷却后接种。

（二）接种和培养

先将接种室及接种箱常规消毒。将灭好菌的原种培养基菌种瓶放入接种箱，再用紫外灯或甲醛熏蒸消毒一次。操作者须严格执行无菌操作。将母种试管用酒精棉擦拭外壁，放置接种箱内，在火焰上打开棉塞，右手拿接种铲或大镊子，并在火焰上烧红待冷，再从母种管内挑出豆粒大小一块菌丝（附带有培养基），打开原种培养基瓶盖，将母种菌丝迅速放入原种培养基中央，使菌丝面紧贴瓶内培养基料面，立即盖好瓶盖，再依次接下一瓶。1支母种可接15～20瓶原种。接种完的菌种瓶，及时贴上标签，注明食用菌品种、级别（几级种）、接种日期、接种人等。及时送培养室培养。温度保持在

23～26 ℃，空气相对湿度保持70%左右。室内要遮光或微弱的散射光即可。培养45 d左右菌丝长满瓶即可用于扩繁栽培种。如暂时不用，要放在干燥、低温、避光条件下短期储存。

五、栽培种生产

栽培种是直接用于生产栽培的菌种，和原种的制法基本相同。1瓶原种可扩繁栽培种约100瓶（棒）。培养基同原种，经灭菌后，在接种箱中接种，在酒精灯火焰控制下，由原种瓶内取出指甲大小一块菌丝体，放入栽培种培养基中央，盖好薄膜，再接下一瓶，全部接完后送培养室上架培养。避光培养45 d左右待菌丝长满瓶后即可用于栽培。

第五节　菌种质量控制

食用菌菌种的质量由种性、活力、纯度及包装、标签、标志量构成。食用菌的母种（一级种）、原种（二级种）和栽培种（三级种）都有相应的质量要求。

一、种性清楚、性状稳定

种源是质量保证的根本。菌种生产者应严格执行《食用菌菌种管理办法》，按照《食用菌菌种生产技术规程》NY/T 528—2010的要求，从具有相应资质的供种单位引种。必须使用具有品种认定证书或育种者授权生产文件的品种作为生产性栽培用种的始发菌种。

《食用菌菌种管理办法》第十七条第六款规定，申请《食用菌菌种生产经营许可证》需提供品种特性介绍，要求菌种生产单位供应的品种及其菌种与其描述的品种特性一致，否则将视为假菌种（第二十八条）。

二、保证菌种活力、纯度

（一）母种

母种除必须达到菌落边缘整齐，无膏状、蜡状细菌或酵母菌菌落及霉菌；培养基斜面背面外观不干缩，颜色均匀、无暗斑、无色素；培养物无酸、臭、霉等异味；培养物镜检时菌丝粗壮，无杂菌菌丝及孢子，无虫及虫卵等外，还应符合其主要母种特征（图4-23）。

图4-23 母种

大球盖菇母种主要特征是：菌丝白或淡土黄色，较细、稀，气生菌丝少，生长较慢。在大球盖菇专用培养基上，23 ℃±2 ℃避光恒温条件下培养，18～22 d长满斜面。

（二）原种

原种除必须达到菌丝粗壮、无杂菌菌丝和孢子、无虫及虫卵，无菌丝拮抗现象，培养物无酸、臭、霉异味等要求外，还需符合其主要原种特征（栽培种基本相同）（图4-24）。

图4-24 原种

菌丝体洁白、浓密，生长旺健，培养物表面菌丝体生长均匀，无角变，无高温抑制线，培养基及菌丝体紧贴瓶（袋）壁，无干缩，培养物无表面分泌物，有蘑菇菌种特有的香味。

三、严格菌种质量检验

菌种质量可参照《大球盖菇菌种》（DB42/T 1839—2022）的相关要求执行。

四、建立科学实用有效的质量保证体系

应按照食用菌菌种生产的特点规划和设计房屋，购置相应设备，并正确使用，提高专业化生产水平。要建立技术管理规章制度，严格按照菌种生产的工艺技术要求选料、配料、分装、灭菌、冷却、接种、培养和检查。特别是培养期间的检查，应根据品种特点定期进行。二级种在培养阶段检查不少于3次，三级种不少于2次。检出的污染菌瓶（袋）内培养料不能重新作为菌种培养料，污染物必须先灭菌后处理。只有提高人员技术素质，规范操作，规范生产，才能确保技术的准确到位，保证生产。如果生长量小于1/3就出售，双方又无协议或认可签字，将被判为"劣质菌种"。

第五章

大球盖菇栽培技术

　　大球盖菇是联合国粮食及农业组织推荐给发展中国家栽培的一种特色蘑菇品种，现已成为国际菇类交易市场上较突出的十大菇类之一。其子实体中含有丰富的蛋白质、维生素、矿物质和多糖等营养成分，其中，粗蛋白、总糖、氨基酸总量分别比香菇、平菇高354%和303%、52.7%和21.3%、58.3%和45.6%，粗脂肪、粗多糖、总黄酮、粗纤维、矿质元素则总体持平或略低，营养价值极高。目前，大球盖菇在我国各地均有栽培，其中，四川、云南、西藏、贵州和东北等冷凉气候地区已实现多季节生产。大球盖菇栽培技术简便粗放，栽培原料来源丰富，抗逆性强，适应温度范围广，可在4～30 ℃范围出菇，产量达1 000 kg/亩以上，且成本低。

　　目前，大球盖菇品种极少，市售菌种主要来源于福建三明市真菌研究所引进菌株ST0128的后代，四川省农业科学院选育的大球盖菇1号和黑龙江农业科学院选育的黑农球盖菇1号。ST0128适应性广，能在海拔800～2 500 m地区种植。大球盖菇1号子实体菌盖赭红色，菌柄白色，菌褶污白色，子实体单重大，产量高，转潮快，生物转化率达45%，不易开伞，出菇温度广。黑龙球盖菇1号菌丝生长健壮，抗杂能力强，菇柄粗菌盖厚，优质高产。

　　贵州具有较好的气候和生态资源优势，境内小气候环境众多，具有发展大球盖菇产业的极佳条件，可因地制宜形成全年供应的大球盖菇产业。各地应根据大球盖菇的生长习性，结合当地气候特点、培养料获得难易情况和市场价格等因素，因地制宜合理安排种植时间。低海拔热区如惠水、罗甸、兴义、关岭、镇宁、望谟、册亨等地，可在11月左右种植，元旦至春节期间上市，春季还可种一季；中海拔地区如贵阳、安顺等贵州大部分地区，宜在9月左右种植，国庆节至元旦期间上市；高海拔地区如六盘水、威宁等地，可在6月左右种植，夏季上市；全省均可利用冬闲田开展冬春季种植。

　　大球盖菇栽具有很强的抗杂性和抗逆性，栽培管理较为粗放，且其培养料来源丰富，可实现各种农作物废料（秸秆、稻草、木屑、玉米芯等）生料栽培，并且采收后的废菌渣还可还田改善土壤肥力，具有良好的经济、生态和社会效益。近年来，贵州省大力发展食用菌产业，因其较好的立体山地气候和优势生态资源，可因地制宜形成全年栽培的大球盖菇产业布局。为了丰富完善贵州食用菌产业布局，提高农作物废料的综合利用率，项目组以来源广、价格低廉的农作物废料（薏仁秸秆、蔗渣、谷壳、竹屑、玉米芯）作为栽培基料，开展不同配比种植大球盖菇的栽培试验，带动农户种植，促进了大球盖菇种植产业的发展。通过对大球盖菇菌种制备技术、大球盖菇栽培种快速生长技术、大球盖菇无公害栽培技术、大球盖菇基质发酵技术、大球盖菇套种技术、大球盖菇周年栽培技术、大球盖菇不同栽培料配比的对比分析、大球盖菇不同栽培模式的对比分析的研究，研究成果为贵州地区种植大球盖菇提供了一定的技术指导，推进了大球盖菇种植技术的深化。

项目组在望谟县新屯街道牛角村，惠水县好花红镇六马村、弄苑村实施以薏仁秸秆为主要栽培料的林下栽培与佛手瓜套种的大球盖菇示范种植，示范区栽培模式的不同，亩产 1 000～2 100 kg，按当时市场价格 8 元/kg 计算，亩产值达 8 000～16 800 元。大球盖菇种植不需要化肥农药，还可以增加有机质、增加土壤肥力，有效控制和降低农业面源污染，有利于保持土地的生态可持续；就地种菌，秸秆还田可以减少资源浪费、环境污染、木材使用、大棚等设施投入。

第一节　大球盖菇生长影响因素

一、内部影响因素

影响大球盖菇生长的内部因素主要是大球盖菇生长的营养需求。大球盖菇是化能异养型生物，没有叶绿体，无法通过光合工作合成所需糖类，其生长发育过程中所需的营养物质都需从外界摄取。其营养物质可分为碳源、氮源、无机盐、生长素和生长调节剂四大类。

（一）碳源

碳源物质为大球盖菇生长发育提供碳素来源，其主要功能如下：①构成大球盖菇细胞的结构物质；②提供生长发育的能量来源，是大球盖菇菌体中含量最多的一种元素，占总体成分的 50% 左右，是大球盖菇需求量最大的营养物质。

大球盖菇只能利用有机碳，不能利用二氧化碳、碳酸盐等无机碳。其碳素来源非常广泛，各种糖、淀粉、纤维素、有机酸类等，对于一些小分子化合物可直接利用，而大分子纤维素、木质素和淀粉类物质，需要经过菌丝的分解才能被利用。据颜淑婉研究葡萄糖、蔗糖及可溶性淀粉3种碳源中，蔗糖是大球盖菇菌丝生长的最适碳源；刘胜贵（1999）研究发现葡萄糖、蔗糖、麦芽糖、乳糖、甘露醇、乙醇、山梨醇及可溶性淀粉8种碳源中，淀粉是大球盖菇菌丝生长的最适碳源，葡萄糖次之；闫培生（2001）发现在半乳糖、葡萄糖、麦芽糖、蔗糖、淀粉、果糖及乳糖7种碳源中，葡萄糖是大球盖菇菌丝生长最适碳源，麦芽糖次之。

（二）氮源

氮源是大球盖菇合成自身所需核酸、蛋白质和酶类的重要营养元素。

大球盖菇可利用无机氮和有机氮，无机氮包括铵盐、硝酸盐等，有机氮包括酵母膏、牛肉膏、尿素、玉米面、黄豆粉等。生产上主要使用尿素、饼肥、米糠等来源广泛，价格低廉的原料。据有关报道，$(NH_4)_2SO_4$作为大球盖菇菌丝生长的氮源得促进效果要强于NH_4NO_3。闫培生等（2001）研究结果显示，豆粉是最适有机氮源，所筛选的氮源之中蛋白胨和牛肉膏的效果最差。张世敏等（2005）与黄清荣研究结果表明，尿素是促进菌丝生长的最适氮源。黄春燕等对其筛选出的最适氮源进行了浓度试验，结果表明尿素的最适浓度为0.026%；蛋白胨的最适浓度是0.1%。孙萌等（2013）报道，大球盖菇液体深层培养时的最适氮源为黄豆粉。

（三）无机盐

矿质元素是大球盖菇生长过程中重要的营养成分之一，包括磷、钾、硫、钙、镁等大量元素和铁、钴、锰、锌、钼、硼等微量元素。矿质元素在大球盖菇生命活动中起着重要的作用，主要体现在以下3个方面：①是细胞结构物质的组成成分；②是植物生命活动的调节者，参与酶的活动；③起电化学作用，即离子浓度的平衡、胶体的稳定和电荷中和等。闫培生等（2001）研究结果显示Na_3PO_4对大球盖菇菌丝的生长有显著的促进作用，Fe^{2+}对菌丝生长无任何影响，对菌丝生长有微弱抑制作用的是Mg^{2+}和K^+，Ca^{2+}则完全抑制菌丝的生长。孙萌等（2013）研究结果表明，无机盐对菌丝生长影响较大，在其试验范围内硫酸钙为最适无机盐。大球盖菇生产中，在配制培养基的适合要注意大量元素的添加，促进菌丝生长；而微量元素需求量较少，且广泛存在与水、秸秆、稻草等有机物中，如无特殊需求，一般不需要额外补充。

（四）维生素和生长调节剂

维生素是各种酶的活性成分，缺少维生素，酶无法发挥应有作用。在所有维生素中，B族维生素和维生素H对食用菌的影响最大。维生素B_1（硫胺素）、维生素B_2（核黄素）是大球盖菇生长过程中必需的生长素，缺乏时大球盖菇生长发育受阻，严重时会影响出菇。

生长调节剂是一类能调节植物生长发育的物质，含量甚微，但影响极为重要。它可影响和有效调控植物的生长和发育，包括从细胞生长、分裂，到生根、发芽、开花、结实、成熟和脱落等一系列植物生命全过程，在农业生产上使用，以有效调节作物的生育过程，达到稳产增产、改善品质、增强作物抗逆性等目的。据王谦（2009）研究，单独使用三十烷醇1 mg/L、2，4-D1 mg/L、6-BA0.5 mg/L时能促进菌丝生长，3种激素最适配比为三十烷醇0.5 mg/L、2，4-D0.25 mg/L、6-BA0.25 mg/L，其菌丝体生物量比3种激素单独使用时表现出极显著差异。目前在大球盖菇领域做生长调节剂的研究较少，现有研究多集中在香菇、平菇等食用菌中。

（五）碳氮比

碳和氮是所有食用菌都需要的两大营养成分，食用菌在吸收碳氮时，需要合适的比例（C/N），碳氮比是指培养基可给态的C和N的比例。多数食用菌适合的碳氮比是20∶1～30∶1。据张琪林（2002）研究，对于大球盖菇液体培养菌丝生物量的研究，碳氮比为24∶1时，菌丝生长情况最佳；在大田生产中，缪晓丹等（2021）发现48.37∶1的碳氮比有助于提高大球盖菇蛋白质和氨基酸的含量。合适的碳氮比有利于大球盖菇的生长，碳氮比过高，菌丝成熟早，出菇早，但影响产量，质量差；碳氮比过低，菌丝生长浓密，但出菇晚。

二、外部影响因素

（一）水分

水分是所有生物生长过程中最重要的环境因子之一。第一，水分是大球盖菇的重要组成部分，菌丝、子实体的含水量通常在70%以上。第二，水的比热高，导热性强，能够有效调节菌体细胞的温度，维持菌体的正常体温。第三，水分是大球盖菇体细胞内的重要媒介，所有营养元素都需要溶解在水里才能被吸收，才能运输到所需要的部位。影响大球盖菇生长的水分因子主要体现在基质含水量和空气相对湿度两个方面。

1. 基质含水量

菌丝生长所需水分全依靠基质获得，基质含水量极大程度影响着菌丝的生长。基质含水量太多，造成通气不佳，影响菌丝呼吸和生长，通常表现为菌丝生长速度缓慢，生长势较弱，前端生长不整齐，出现索状生长；基质含水量过少，则不能满足菌丝的生长需求，菌丝长势也较弱，生长缓慢。大球盖菇的菌丝生长培养基含水率要求

65%~70%，原基分化空气湿度90%~95%，子实体生长发育基质含水率70%，原基分化空气湿度90%~95%。闫培生等（2001）研究结果表明，用麦草种植大球盖菇时，当麦草含水率为55%~60%时，大球盖菇菌丝长势较弱，当含水率为75%时，菌丝生长快且菌落长势好。颜淑婉（2002）研究结果显示，培养料与水的比值为1∶2时，菌丝长势健壮其生长速度快。何华其（2004）研究发现，当在基质含水率为65%~85%时，大球盖菇均能够正常地生长，其最适含水率是70%~75%。

在实际生产中，培养料含水量的判断方法通常采用手握法，用手抓一把培养料，稍微用力紧握，当有水渗出而不滴落为宜，此时含水量在70%左右。这种方法简单方便，但需要有一定的经验。

2. 空气相对湿度

在制备菌种阶段，菌丝大多生活在一定容器中，如试管、菌种瓶、塑料袋里，与空气相对隔离，这是空气相对湿度的影响较少，但若空气相对湿度太大，容易导致杂菌蔓延，致使培养料污染，但若空气湿度太低，会影响培养基的含水量，导致菌丝生长不良。在田间生产过程中，空气相对湿度一般收气候影响较大，在发菌期间，空气相对湿度对菌丝的影响很少，在出菇期，空气相对湿度要保持在80%左右，潮湿的环境有利于出菇，也能保证菇体的外观品质，若出菇期空气相对湿度较低，不利于菇体的长大，菌盖干燥，外观和品质不好，若出菇期空气相对湿度较高，则有可能造成菌丝和新生菇蕾死亡，降低产量。出菇期要根据当时的天气情况，灵活调整空气相对湿度，空气相对湿度较低时，需于每天早晚向畦床喷雾，做到少喷、勤喷，不能大水喷浇，使空气相对湿度保持在80%左右，晴天多喷、阴雨天少喷或不喷。空气相对湿度较高时，可采取加强通风，揭开遮阳网等方式进行调节。

（二）温度

温度也是影响菌丝生长的又一重要环境因子。大球盖菇菌丝生长有适宜温度，在适宜温度内，菌丝长势最佳，低于或高于适宜温度都会影响大球盖菇生长。大球盖菇菌丝在5~35℃范围内均能生长，在25~30℃范围内生长速度最快，大球盖菇菌低温得耐受力强于高温，在0℃时，大球盖菇菌丝停止生长，但不会死亡；但在高温条件下时间过长，菌丝则会失活。据闫培生等（2001）与何华奇（2004）报道，5~35℃是大球盖菇菌丝体生长的温度范围，其最适宜温度区间是25~30℃。Chang et al.（1978）、孙萌等（2013）与颜淑婉（2002）研究均显示菌丝在15~30℃范围内可生长，25℃条件下是大球盖菇菌丝体生长的最适温度，此时菌丝的生长速率最大，菌丝体干重最大。

（三）光照

大球盖菇生产中会在培养料上覆土，菌丝生长在培养料中，光线照射不到，说明菌丝生长不需要光照。据研究，光照对大对数食用菌的菌丝生长有不利影响。第一，光照会降低菌丝的生长速度，如蘑菇、平菇、猴头菇等食用菌在散射光条件下，菌丝生长速度会比黑暗条件下减少50%左右；第二，光照会改变菌丝形态。如平菇菌丝在较强光照条件下生长受到抑制，并容易出现断裂，组织化，扭结等不利情况；第三，光照会加速菌丝老化。光照能促进某些食用菌菌丝细胞壁色素转化和沉积，导致菌丝老化。

在出菇过程中，适度散射光能促进大球盖菇形成子实体，并促进子实体健壮生长和提高产量，若是完全黑暗的情况下，大球盖菇不能形成子实体，但光照过强，又易导致菇蕾死亡，菌盖颜色发白，并影响菌床菌丝生长。在实际生产过程中，可选择林下栽培或者搭设遮阳网，来创造适度的散射光条件。

（四）氧气和二氧化碳

大球盖菇吸收氧气，进行有氧呼吸，排除二氧化碳，为好氧性生物，在高浓度的二氧化碳环境中，不能正常生长。有关学者研究了二氧化碳浓度对食用菌生长的影响，发现不同食用菌对二氧化碳浓度耐受力不一样，如双孢蘑菇、猴头菌、灰树花这些对高浓度二氧化碳极为敏感的菌类，应考虑培养料的透气性和氧气供应情况，还要采取一定的通风条件以补充新鲜空气，减少高浓度二氧化碳对此类菌类生长的影响，而平菇对二氧化碳的耐受力较强，对通风情况无须过多担心，可采用大袋种植，装袋时培养料可以相对更加紧实一些。大球盖菇对二氧化碳耐受情况的研究报道相对较少，据种植经验来看，大球盖菇对二氧化碳敏感程度不高，但具体范围还有待深入研究。

（五）pH值

大球盖菇培养料的酸碱度会影响体内的酶活性、细胞膜的渗透性以及对金属离子的吸收能力，影响食用菌新陈代谢的重要因素，实际生产过程中，大球盖菇对酸碱度的要求主要体现在培养料和覆土材料的pH值这两方面。在制备菌种时，当培养基pH值为4～11时大球盖菇的菌丝均能生长，其最适pH值为5～8，其中当pH值为6时，菌丝生长速率较大且菌落长势好。颜淑婉（2002）研究结果显示，大球盖菇菌丝生长的最适pH值为5.5～6.5。何华奇等（2004）选取了大球盖菇的五个品种进行试验，结果显示不同大球盖菇菌株在pH值为5～11的培养基上都能够正常生长，且当pH=7时超过半数的菌株生长状况最佳。

常见的培养料的pH值均在5～8的范围内，如薏仁秸秆pH值为7.16，谷壳pH值为7.11，竹屑pH值为8.77，玉米芯pH值为5.23，巨菌草秸秆pH值为8.02，木屑pH值为7.48，均能满足大球盖菇生长，糖渣pH值为4.51，若单独使用糖渣类略偏酸的培养料进行种植，则需要添加石灰来调节pH值，既能改善培养料的pH值，也能缓冲菌丝代谢过程中产生的有机酸。

第二节　栽培材料的选择

一、栽培原料

（一）栽培原料

大球盖菇栽培原料的来源非常广泛，大部分的植物秸秆均可作为栽培原料使用，其中最易于获得的主要有以下几类。

1. 玉米芯和玉米秸秆

见图5-1和图5-2。

图5-1　纯玉米芯中菌丝生长情况

图5-2　玉米秸秆（左）和玉米芯（右）

玉米是全球种植最广、产量最大的谷物，居三大粮食（玉米、小麦、大米）之首，目前我国玉米播种面积、总产量、消费量仅次于美国，位居世界第三。玉米年产量为1.1亿～1.6亿t，可产下脚料玉米芯2 000万吨，因此具有大量的玉米芯资源亟待开发利用。玉米芯是用玉米棒脱粒加工再经过严格筛选制成，具有营养丰富、组织均匀、硬度适宜、韧性好、吸水性强等优点，其主要成分为纤维素（32%～36%）、半纤维素（35%～40%）、木质素（25%）以及少量的灰分。随着科学技术的飞速发展，玉米芯的深加工不断拓展，相继开发糠醛、木糖、木糖醇、低聚木糖、饴糖、葡萄糖、乳酸黏合剂、纳米粒子等一系列高附加值的产品，对玉米芯和玉米秸秆的资源化综合利用，具有重大的社会效益、生态环保效应和经济效益。

玉米芯的营养非常丰富，特别是糖分的含量特别高，是发展食用菌生产的较为理想的优质原料，可以培养多种食用菌。通过积极推广玉米芯栽培白灵菇、大球盖菇、平菇、金针菇、滑菇、黑木耳等食用菌栽培技术，使玉米芯大量资源化利用。

玉米秸秆富含食用菌所必需的糖分、蛋白质、氨基酸等营养物质，资源丰富，成本低廉，以玉米秸秆作为原料生产食用菌，不仅能提高食用菌产量、品质，还能充分利用玉米秸秆，其种植过食用菌的培养料可作为优质的有机肥还田，一举数得。

2. 谷壳和稻草

见图5-3和图5-4。

图5-3　纯谷壳中菌丝生长情况

图5-4 谷壳（左）和稻草（右）

稻谷是我国最主要的粮食作物之一，我国水稻的播种面积约占粮食作物总面积的1/4，产量约占全国粮食总产量的1/2，在商品粮中占一半以上，产区遍及全国各地。稻壳由木质素、纤维素、半纤维素等组成，是一种木质纤维素原料，约含20%的木质素，40%左右的纤维素，20%左右的五碳糖聚合物（主要为半纤维素），另外，约含20%灰分及少量粗蛋白、粗脂肪等有机化物。

稻壳透气性好，质量较为稳定，其营养成分丰富，富含纤维素、木质素等一些微量元素，能够给食用菌菌丝生长提供营养和透气条件，加上稻壳来源广泛，价格相对便宜，成了食用菌种植中比重较大的一类培养料。

稻草和其他植物秸秆混合一起，就可以用来加工成食用菌培养基，然后用于生产食用菌，这种方式可以种植的菌种非常多，比如最常见的有平菇、香菇、鸡腿菇、草菇、凤尾菇、榆黄菇、双孢蘑菇、虎奶菇、姬松茸等。

3. 木屑

见图5-5。

图5-5 木屑

　　大球盖菇是一种特殊的草腐菌。前人研究发现，大球盖菇可以有效地降解木质素，将其转化为蛋白质。木质素的降解过程中，主要的氧化酶有锰过氧化物酶（Manganese peroxidase，Mn P）和漆酶（Laccase）等。尤其是漆酶，它可以稳定地分解木质素。大球盖菇的菌丝可以分泌出这3种胞外酶。曾研究发现，大球盖菇在不同培养料中栽培都发现木质纤维素呈现明显下降趋势，同时检测出滤纸纤维素酶（Fp cellulase）、葡萄糖苷酶（β-glucosidase）、半纤维素酶（Hemicellulase）和漆酶（Laccase）等酶的活性，并且发现在菌丝生长期和子实体成熟期木质纤维素的下降与这些较高的酶活性相关。这同时体现了大球盖菇具有很强的木质纤维素降解的能力。

　　木屑在栽培大球盖菇中主要起保水、透气和提供碳源等作用，可直接用于大球盖菇的栽培。黄坚雄等（2018）用橡胶木屑作为主要基质栽培大球盖菇，以期解决橡胶木屑这一农业废弃物，发现大球盖菇产量和品质均在理想状态。赵洁（2010）曾利用不同培养料在试管中栽培大球盖菇，结果发现大球盖菇在木屑中的长速最快，其次为麦秸。在麦秸与木屑的混合配方中，当木屑比例越高时，菌丝的平均长速越快，但当木屑比例超过30%时增幅不明显。曹乐梅（2018）也曾做过纯料配方对大球盖菇菌丝生长的影响，结果发现桃木屑生长速度最快（27 d）。王爱仙（2006）曾探究大球盖菇栽培配方，发现主料为木屑时，其发菌速度快，满袋时间短，菌丝生长较为浓密与洁白。Domondon et al.（2000）曾将杨树木屑、椴树木屑和麦草分别作为栽培基质栽培大球盖菇，结果发现两种木屑在产量方面都要优于麦草。Bruhn et al.（2010）曾成功在林地中栽培了大球盖菇，其主要栽培基质为阔叶木屑。鲍蕊（2015）在筛选栽培大球盖菇最优配方时，发现木屑68.2%，玉米芯11.5%，麦草20.23%时产量表现优异。龚燕京等（2015）曾观察桃枝、梨枝等果树枝条栽培大球盖菇时，发现当桃枝、梨枝为辅料时，出菇率较高为60%～85%。

4. 巨菌草

见图5-6。

图5-6　巨菌草

巨菌草多年生禾本科直立丛生型植物，具有较强的分蘖能力。这是一种适宜在热带、亚热带、温带生长和人工栽培的高产优质菌草。植株高大，抗逆性强，产量高，粗蛋白和糖分含量高，直立、丛生，是一种适宜在热带、亚热带、温带生长和人工栽培的高产优质菌草。巨菌草是高产优质的菌草之一，将巨菌草收获晒干粉碎后，可代替木材作为培养料，已知可栽培香菇、灵芝等49种食用菌、药用菌。除了作为菌料，还可做饲料，同时还是水土保持的优良草种。

种植菌草1亩产鲜草可达1万～2.5万kg，产干草0.5万kg；菌草鲜草及干草粉的产量比其他任何一种禾本科植物都高，是玉米产量的3～5倍。菌草种植食用菌具有成本低、产量高、品质好特点，产量相较于木屑可提高14.3%～19.2%，成本却降低14.2%～33.3%。

5. 其他材料

其他包括竹屑、棕糠、蔗糖渣、薏仁秆、泥炭、桑枝等均可作为栽培材料。

（1）竹屑

利用竹子制作竹产品产生的碎屑废渣（图5-7和图5-8）。

图5-7　竹屑　　　　　　　　　　图5-8　纯竹屑中菌丝生长情况

竹子生长周期短，易更新，是可持续利用的高效资源，其栽培食用菌历史悠久，多用于香菇、大球盖菇、秀珍菇等食用菌的栽培。竹屑颗粒较小，通气性相对较弱，多与其他栽培料（如谷壳、木屑等）搭配使用，使用过程中，还可通过刺洞、打孔等方式增加培养料的透气性。利用竹屑单独培养香菇，前期不刺洞，通气较差，菌丝生长较慢，后期刺洞后，菌丝生长较快。

（2）棕糠

用棕树加工棕产品产生的碎屑废渣。椰糠也类似（图5-9和图5-10）。

图5-9　棕糠

图5-10　椰糠砖

（3）蔗糖渣

甘蔗榨糖后留下的废渣（图5-11和图5-12）。

图5-11　糖渣

图5-12　糖渣中菌丝生长情况

蔗糖渣的含糖量较高，不宜单独使用。

（4）薏仁秆

薏苡收获种子后的秸秆。高粱秆类似（图5-13和图5-14）。

图5-13　薏苡

图5-14　薏仁中菌丝生长情况

（5）泥炭

沼泽发育过程中的产物，含有大量未被彻底分解的植物残体、腐殖质以及一部分矿物质（图5-15）。泥炭的品牌较多，易购，但价格较高，且生产中不宜单独使用。

图5-15　泥炭

（6）桑枝

桑树修建废弃的枝条。其他阔叶树的枝条也类似（图5-16）。

图5-16　桑枝

6. 各种植材料CN成分含量

见表5-1。

表5-1　各种植材料CN成分含量　　　　　　　　　　单位：%

	N	C	粗蛋白
棕糠	1.601	43.085	10.005
泥炭	1.783	45.397	11.141
谷壳	2.098	35.534	13.112
薏仁秸秆	2.273	40.060	14.207
玉米芯	2.477	43.533	15.484
蔗糖渣	2.212	46.465	13.824
竹屑	1.529	29.562	9.555
木屑	2.594	41.994	16.213
桑树枝	3.042	44.110	19.011

（二）不同栽培原料配比研究试验

1. 试验过程

2020年12月至2021年5月，以黑农球盖菇1号为研究对象，在贵州省园艺研究所试验地开展有关不同基质及配比对大球盖菇生长和营养成分的影响的试验。试验地土壤肥力中等，pH值7.92，有机质含量32.3 g/kg，全氮含量0.3%，全磷含量0.104%，全钾含量1.04%。通风条件好，光照充足，无避雨设施。栽培原料为干燥无霉变的薏仁秸秆、蔗渣、谷壳、竹屑和玉米芯，其中，薏仁秸秆、蔗渣、谷壳和玉米芯购于广州科博农业技术研究院，竹屑购于贵阳晓旺园艺有限公司，价格分别为600元/t、500元/t、520元/t、900元/t和620元/t。

根据菌料干料重量配比设计9个处理：T_1，100%薏仁秸秆；T_2，100%蔗渣；T_3，100%谷壳；T_4，100%竹屑；T_5，100%玉米芯；T_6，75%薏仁秸秆+25%谷壳；T_7，75%蔗渣+25%谷壳；T_8，75%竹屑+25%谷壳；T_9，75%玉米芯+25%谷壳。采取田间随机区组设计，小区面积为3 m²（垄宽×垄长为0.5 m×2 m），垄间间隔0.5 m，3次重复，共计27个小区，每小区按菌料干料用量10 kg/m²折算，每小区使用1个菌种包。大球盖菇于2020年12月采取生料垄式栽培，按配方称培养料，加水充分拌匀至含水量70%左右备用。播种前除草翻耕，先均匀平铺一层培养料，然后梅花形点播菌种（点距10 cm左右），菌种播种深度均采用统一标准，菌种上面再覆盖培养料，拢成龟背形，最后盖3 cm左右细土。管理期视覆土湿度补水确保培养料湿度在75%。出菇期,需遮阴50%;按大球盖菇田间管理技术规程进行管理。当子实体盖呈钟形,菌褶尚未破裂时及时采收。

测量记录接种后第15天单个菌丝团的直径;观察记录菌丝浓密程度,参照文献的方法评价大球盖菇的浓密程度:5,菌丝团菌丝浓密、色泽洁白;4.5,菌丝较浓密、色泽较洁白;4,菌丝较浓密、色泽灰白;3.5,菌丝较稀疏,色泽灰色;3,菌丝稀疏、色泽灰色。记录各处理出菇时间(最早达到采收标准的出菇所需天数)。统计4月5日至5月14日每日大球盖菇鲜菇产量。于4月20日9:00以试验小区为单元进行取样,样品立即用液氮速冻,于4月24日至5月28日分批分指标进行营养成分测定。粗蛋白质参照《食品安全国家标准 食品中蛋白质的测定》(GB 5009.5—2016)测定,粗脂肪参照《食品安全国家标准 食品中脂肪的测定》(GB 5009.6—2016)测定,粗纤维参照《植物类食品中粗纤维的测定》(GB/T 5009.10—2003)测定,碳水化合物参照《食品营养成分基本术语》(GB/Z 21922—2008)测定,氨基酸总量参照《食品中氨基酸的测定》(GB/T 5009.124—2003)测定,还原糖参照《食品安全国家标准 食品中还原糖的测定》(GB 5009.7—2016)测定,总糖参照《食用菌中总糖含量的测定》(GB/T 15672—2009)测定。

2. 结果与分析

1)不同基质配比处理菌丝的生长、最早出菇时间及产量

(1)菌丝的生长

菌丝长势主要体现在菌丝浓密程度、色泽和菌丝团直径等方面。从表5-2可知,不同处理菌丝长势存在差异。

①菌丝浓密程度和色泽。从 T_1 菌丝最浓密,色泽洁白; T_6 和 T_7 较浓密,色泽较洁白; T_2、T_3、T_4、T_8 和 T_9 的菌丝浓密程度一致,为较浓密,色泽灰白; T_5 菌丝稀疏,色泽呈灰色。

②菌丝团直径。各处理菌丝团直径为 5.23~8.83 cm,其中,T_7 最大,直径 8.83 cm,显著大于其他处理; T_2 和 T_3 其次,分别为 7.76 cm 和 7.16 cm,二者差异不显著,但均显著大于其余处理; T_1、T_4、T_6、T_8 和 T_9 间差异不显著,但均显著高于 T_5。

(2)出菇时间

从表5-2看出,不同处理的出菇时间存在差异,各处理的最早出菇时间为 99~107 d,按出菇时间早晚表现为:$T_4 > T_8 > T_3 > T_1 = T_6 = T_7 > T_2 = T_9 > T_5$,$T_4$ 出菇最快,从接种到出菇仅需 99 d,较其余处理提早 1 d~8 d; T_5 出菇最晚(107 d)。

综合看,基质含有薏仁秸秆、竹屑及100%谷壳的处理菌丝长势较强且出菇时间较短,其中,T_7 长势最好,菌丝浓密,菌丝团直径最大。而 T_5(100%玉米芯)菌丝长势最差且出菇时间较长。

表5-2 不同培养料配比处理大球盖菇菌丝的生长及出菇时间

处理	菌丝浓密程度	菌丝团直径（cm）	出菇时间（d）
T_1	5	$6.33 \pm 0.28c$	102
T_2	4	$7.76 \pm 0.25b$	105
T_3	4	$7.16 \pm 0.57b$	101
T_4	4	$6.50 \pm 0.50c$	99
T_5	3	$5.23 \pm 0.20d$	107
T_6	4.5	$6.16 \pm 0.28c$	102
T_7	4.5	$8.83 \pm 0.28a$	102
T_8	4	$6.16 \pm 0.28c$	100
T_9	4	$6.00 \pm 0.50c$	105

注：同列不同小写字母表示差异显著（$P<0.05$），下同。

2）大球盖菇的产量

从表5-3看出，不同处理大球盖菇的小区（3 m²）产量为3.55～10.21 kg，表现为$T_4>T_8>T_3>T_1>T_6>T_2>T_7>T_9>T_5$，其中，$T_4$产量显著高于其余处理，较其余处理高0.91～6.66 kg；T_8产量其次，为9.30 kg，与T_1（8.92 kg）、T_3（9.14 kg）、T_6（8.87 kg）差异不显著，但均显著高于T_2、T_5、T_7和T_9；T_5最低，显著低于其余处理。试验共采收3潮菇，其中，第1潮菇占各处理全部产量的30.85%～40.44%，第2潮菇产量最高，各处理占比为38.79%～51.29%；第3潮产量最低，各处理占比为9.66%～30.36%。总体看，含有薏仁秸秆、竹屑和纯谷壳处理的产量显著高于含有蔗渣和玉米芯的处理；单一培养料处理的产量为竹屑>谷壳>薏仁秸秆>蔗渣>玉米芯，说明，竹屑、谷壳和薏仁秸秆种植大球盖菇产量较高，蔗渣和玉米芯种植大球盖菇产量较低。

表5-3 不同基质配比处理大球盖菇的产量

编号	小区产量（kg）	第1潮		第2潮		第3潮	
		产量（kg）	占比（%）	产量（kg）	占比（%）	产量（kg）	占比（%）
T_1	$8.92 \pm 0.53b$	3.14 ± 0.12	35.21	4.01 ± 0.26	44.97	1.77 ± 0.18	19.81
T_2	$7.84 \pm 0.62c$	2.52 ± 0.32	32.14	3.21 ± 0.24	40.94	2.11 ± 0.21	26.91
T_3	$9.14 \pm 0.53b$	3.57 ± 0.39	39.04	4.69 ± 0.32	51.29	0.88 ± 0.28	9.66
T_4	$10.21 \pm 0.36a$	3.15 ± 0.24	30.85	3.96 ± 0.24	38.79	3.10 ± 0.26	30.36
T_5	$3.55 \pm 0.56e$	1.31 ± 0.26	36.94	1.53 ± 0.13	43.14	0.71 ± 0.23	19.92

编号	小区产量（kg）	第1潮		第2潮		第3潮	
		产量（kg）	占比（%）	产量（kg）	占比（%）	产量（kg）	占比（%）
T_6	8.87 ± 0.46b	3.48 ± 0.26	39.23	4.18 ± 0.39	47.13	1.21 ± 0.26	13.64
T_7	7.83 ± 0.28c	2.98 ± 0.41	38.04	3.36 ± 0.22	42.89	1.49 ± 0.16	19.06
T_8	9.30 ± 0.23b	3.76 ± 0.28	40.44	3.91 ± 0.25	42.06	1.63 ± 0.20	17.50
T_9	5.92 ± 0.51d	1.84 ± 0.38	31.06	2.31 ± 0.18	39.00	1.77 ± 0.22	29.94

3）不同基质配比处理大球盖菇的品质

从表5-4看出，不同基质对大球盖菇粗蛋白质、粗纤维、碳水化合物、氨基酸总量、还原糖、总糖、维生素C的含量有显著影响。

（1）粗蛋白质含量

各处理粗蛋白质含量为1.91~2.89 g/100 g，竹屑+玉米芯处理（T_4、T_5和T_8）的粗蛋白质含量分别为2.88 g/100 g、2.89 g/100 g和2.87 g/100 g，显著高于其他处理，说明竹屑和玉米芯组合能增加粗蛋白质含量。

（2）碳水化合物含量

各处理碳水化合物含量为3.3~4.5 g/100 g，蔗渣+谷壳处理（T_7）的碳水化合物含量为4.5 g/100 g，显著高于其他处理，说明蔗渣和谷壳组合能增加碳水化合物含量。

（3）氨基酸总量

各处理氨基酸总量为1.25~2.20 g/100 g，玉米芯+谷壳处理（T_9）的氨基酸总量最高，其次是玉米芯+薏仁秸秆处理（T_5和T_6），其氨基酸总量分别为2.16 g/100 g和2.17 g/100 g，三者差异不显著，但均显著高于其余处理，说明玉米芯、薏仁秸秆和谷壳混合能显著增加氨基酸的含量。

（4）还原糖和总糖含量

各处理组还原糖含量为0.67~1.31 g/100 g，总糖含量为1.23~3.16 g/100 g，蔗渣+谷壳处理（T_7）还原糖和总糖含量显著增加，分别为1.31 g/100 g、3.16%，说明蔗渣和谷壳组合能增加还原糖和总糖的含量。

（5）维生素C含量

各处理组的维生素C含量为1.98~3.26 mg/100 g，谷壳处理T_3中维生素C含量最高，为3.26 mg/100 g，显著高于其他处理，说明谷壳能增加维生素C的含量。

（6）粗纤维含量

各处理组的粗纤维含量为0.76~1.00 g/100 g，含谷壳、玉米芯和蔗渣处理（T_2、T_3、T_9）中粗纤维含量显著低于其他处理，均为0.76 g/100 g、说明谷壳、玉米芯和蔗渣能减少粗纤维的含量。

（7）粗脂肪含量

各处理组的粗脂肪含量为0.1～0.2 g/100 g，处理中的粗脂肪含量没有显著差异，说明基质种类和配比对大球盖菇中粗脂肪的影响不大。

综上所述，各种基质能增加不同营养成分的含量，组合处理的营养成分多高于单一处理，多种基质混合能增加大球盖菇的营养成分。

表5-4　不同基质配比处理大球盖菇的品质

处理	粗蛋白质（g/100 g）	粗脂肪（g/100 g）	粗纤维（g/100 g）	碳水化合物（g/100 g）	氨基酸总量（g/100 g）	还原糖（g/100 g）	总糖（%）	维生素C（mg/100 g）
T_1	2.35 ± 0.07e	0.1 ± 0.05	1.00 ± 0.10a	3.7 ± 0.05d	1.90 ± 0.01cd	0.96 ± 0.05c	2.60 ± 0.10b	2.09 ± 0.04d
T_2	2.21 ± 0.02f	0.1 ± 0.05	0.76 ± 0.05c	3.4 ± 0.05e	1.57 ± 0.03e	0.68 ± 0.02d	2.10 ± 0.10c	1.98 ± 0.02e
T_3	2.71 ± 0.03b	0.1 ± 0.05	0.76 ± 0.05c	4.4 ± 0.10b	1.93 ± 0.04c	0.94 ± 0.05c	2.56 ± 0.05b	3.26 ± 0.06a
T_4	2.88 ± 0.04a	0.2 ± 0.00	1.00 ± 0.10a	3.8 ± 0.05d	2.10 ± 0.02b	0.67 ± 0.03d	2.20 ± 0.09c	2.13 ± 0.06d
T_5	2.89 ± 0.03a	0.1 ± 0.05	0.83 ± 0.05c	4.1 ± 0.10c	2.16 ± 0.02a	0.89 ± 0.02c	2.13 ± 0.05c	2.14 ± 0.04d
T_6	2.49 ± 0.01d	0.2 ± 0.00	0.83 ± 0.05c	3.3 ± 0.05e	2.17 ± 0.01a	0.95 ± 0.04c	2.06 ± 0.05c	2.34 ± 0.03bc
T_7	1.91 ± 0.02g	0.1 ± 0.05	0.96 ± 0.05ab	4.5 ± 0.05a	1.25 ± 0.03f	1.31 ± 0.02a	3.16 ± 0.05a	2.34 ± 0.04bc
T_8	2.87 ± 0.03a	0.2 ± 0.00	0.86 ± 0.05bc	3.7 ± 0.05d	1.88 ± 0.03d	1.16 ± 0.05b	1.23 ± 0.05d	2.38 ± 0.04b
T_9	2.57 ± 0.03c	0.1 ± 0.05	0.76 ± 0.05c	3.5 ± 0.10e	2.20 ± 0.01a	0.89 ± 0.04c	2.06 ± 0.05c	2.28 ± 0.05c

4）不同基质配比处理大球盖菇的经济效益

从表5-5看出，各处理的经济效益存在差异。各处理总收入为29.58～81.78元/小区，表现为T_4>T_8>T_3>T_6>T_1>T_7>T_2>T_9>T_5；各处理净收入为12.58～67.58元/小区，表现为T_4>T_3>T_8>T_6>T_1>T_7>T_2>T_9>T_5，其中，T_1、T_3、T_4、T_6和T_8的净收入较高，均超过60元/小区，T_5最低，仅为12.58元/小区。说明，T_1、T_3、T_4、T_6及T_8的配方适合贵州地区大球盖菇种植要求，薏仁秸秆、谷壳和竹屑单一种植或组合种植也能取得不错的经济效益。

表5-5　不同基质配比处理大球盖菇的经济效益

处理	总收入（元/小区）	总投入（元/小区）	净收入（元/小区）
T_1	74.08	14.00	60.08
T_2	63.54	13.00	50.54
T_3	78.52	13.20	65.32
T_4	81.78	14.20	67.58

（续表）

处理	总收入（元/小区）	总投入（元/小区）	净收入（元/小区）
T_5	29.58	17.00	12.58
T_6	75.50	13.80	61.70
T_7	65.64	13.05	52.59
T_8	78.64	13.95	64.69
T_9	47.52	16.05	31.47

注：大球盖菇市价第1潮菇为10元/kg，第2潮菇为8元/kg，第3潮菇为6元/kg；总投入=基质投入+菌种投入（5元/小区）+人工（3元/小区）。

3. 讨论与结论

研究表明，竹屑、谷壳、薏仁秸秆及蔗渣均可单独用于大球盖菇种植，而纯玉米芯做基质菌丝长势弱且出菇时间较长，不可单独种植。与闫林林等（2021）提出玉米芯是大球盖菇栽培的最佳栽培主料的结论不一致，可能是因为该试验中玉米芯使用占比太大（75%），玉米芯泡水膨胀，透气性减弱，不利于菌丝生长。通过加入一定比例谷壳增加孔隙度后有所改善，说明需搭配大孔隙度的基质才能合理利用玉米芯营养成分，促进大球盖菇生长。缪晓丹等（2021）研究发现，大球盖菇基质的透气性对菌丝生长有很大的影响，透气性越好，菌丝生长越好，产量越高。该试验中不同培养料菌丝长势存在差异，也因蔗渣、谷壳、薏仁秸秆、竹屑的孔隙度大、透气性好，而有利于菌丝生长。

研究结果表明，大球盖菇种植最快要99 d才能出菇，与潘佰文等（2019）的研究结果差异不大，但与郭文文等（2018）大球盖菇从种下至出菇最短仅需46 d的结果存在差异。说明，冬季在贵州种植大球盖菇，可通过保温设施促进大球盖菇菌丝生长，提早出菇，也可有效利用贵州的山地特色气候开展反季节种植，提高经济效益。

该试验共采收3潮菇，第1、第2潮菇的产量高于第3潮菇，与熊小飞等（2021）研究结果一致。从产量数据分析，单一基质（薏仁秸秆、蔗渣、谷壳及竹屑）和加入谷壳的组合基质相比产量差异不大，但组合基质处理中的营养成分指标大多高于单一基质，说明各种培养料能分别显著增加大球盖菇的某项营养指标，故可进一步研究多种基质组合配比和产量和营养成分之间的关系。

竹屑、薏仁秸秆和谷壳是适于大球盖菇种植的优良材料，3种培养料上大球盖菇的菌丝长势好，出菇快，产量高，营养成分高，经济效益高；蔗渣的种植效果较竹屑、薏仁秸秆和谷壳弱，但高于玉米芯；玉米芯不可单独用于大球盖菇种植。75%薏仁秸秆+25%谷壳和75%竹屑+25%谷壳均适于贵州地区大球盖菇的种植。多种基质混合有利于丰富大球盖菇营养成分含量，在实际生产中，可根据培养料的来源与价格成本灵活取材，以期实现最大经济价值。

二、栽培菌种

（一）菌种介绍

大球盖菇常用品种的特性见表5-6。

1. 大球盖菇1号

大球盖菇1号是四川省农业科学院土壤肥料研究所于2005年选育出的优良菌种，其子实体菌盖赭红色，菌柄白色，菌褶污白色，子实体单重大，产量高，转潮快，生物转化率达45%，不易开伞，出菇温度广。

2. 黑农球盖菇1号

黑农球盖菇1号是黑龙江省农业科学院畜牧研究所2015年选育出的优良菌种，该菌种各种氨基酸、蛋白质含量高于普通菇种一倍以上，铁含量高出几倍。该品种可在露地种植，适应温度范围广。

3. 中菌金球盖1号

中菌金球盖1号（图5-17）是在云南省昆明食用菌研究所大球盖菇栽培基地发现的金黄色大球盖菇变异子实体，通过选育分离获得纯菌株，经过初筛、复筛、中间试验和示范栽培，选育出性状稳定、稳产、高产菌株。示范栽培平均产量6.2 kg/m²，成熟子实体菌盖颜色为淡黄色至金黄色，菌柄粗壮，菌褶老后不易变色，产量较高，抗高温、低温、抗病虫害能力强。

图5-17　中菌金球盖1号

4. 黄球盖菇1号

黄球盖菇1号是成都市农林科学院与成都农业科技职业学院合作获得的黄色大球盖菇新品种，于2021年3月取得了四川省非主要农作物品种认定证书，命名为"黄球盖1号"。该品种始终表现为菌盖黄色、菌柄白色，菌盖直径、菌盖厚度、菌柄长度、菌柄直径等指标略高于大球盖菇1号，平均产量可达2 065 kg/亩，田间性状表现稳定。

5. 山农球盖3号

山农球盖3号是山东省微生物重点研究室育2022年选育出的耐高温高产菌株。该菌株能连续7 d在最高料温达27～34 ℃、最高气温达40～47 ℃条件下生长良好，无杂菌污染，40 d出菇，其产量达到14.56 kg/m²，生物转化率为91.03%，优质菇比例为66.21%。

表5-6 大球盖菇常用品种特性

序号	品种名	选育单位	品种突出特性
1	黄球盖1号	成都市农林科学院、成都农业科技职业学院	子实体：菌盖黄色（与传统品种酒红色菌盖对比鲜明）。 生育期：菌丝最适生长温度为24～28 ℃，子实体最适生长温度为12～25 ℃。从播种到采收约200 d。 品质分析：粗蛋白含量高；氨基酸含量高；黄球盖1号的口感更脆嫩、营养更高
2	黑农球盖菇1号	黑龙江省农业科学院畜牧研究所	该品种具有菌丝生长健壮，抗杂能力强，菇柄粗、菌盖厚，符合市场需要，优质高产的突出特性
3	中菌金球盖1号	昆明食用菌研究所	子实体特性：子实体生长初期菌盖为金黄色，后期为浅黄色。菌褶密集排列且直生，初期白色，后期米黄色至浅灰色。适宜采收期，菌柄长度一般为8～12 cm，菌柄直径一般为4～7 cm，呈白色
4	大球盖菇1号	四川省农业科学院土壤肥料研究	子实体菌盖赭红色，菌柄白色，菌褶污白色，子实体单重大，产量高，转潮快，生物转化率达45%，不易开伞，出菇温度广
5	山农球盖3号	山东省微生物重点研究室	耐高温高产菌株。该菌株能连续7 d在最高料温达27～34 ℃、最高气温达40～47 ℃条件下生长良好，无杂菌污染，40 d出菇，其产量达到14.56 kg/m²，生物转化率为91.03%，优质菇比例为66.21%

（二）引种试验

1. 引种品种

目前大球盖菇全国审定的品种仅有2个，分别是大球盖菇1号和黑农球盖菇1号，这两个品种市场上并无销售，而市场上销售的大部分菌种均为各菌种生产单位自主选育的菌株。通过向菌种生产单位采购、自主选育和个人途径，收集了以下7种菌株（表5-7）。

表5-7　7种菌株的情况介绍

引种品种	材料类型	来源	引种时间	备注
福引1号	栽培种	菌种厂采购	2018.11	菌种厂自选菌株
福引2号	栽培种	菌种厂采购	2018.11	菌种厂自选菌株
鲁引1号	栽培种	菌种厂采购	2018.11	菌种厂自选菌株
黔选1号	子实体	织金县栽培材料优选	2019.6	个体短粗、柄实心,色红
黔选2号	子实体	安顺栽培材料优选	2019.4	个体短粗、柄实心
黔野1号	子实体	长顺野生菌株	2019.4	个体细长,色红,柄实心
黑农球盖菇1号	母种	相关研究人员馈赠	2019.2	

2. 菌种制备

（1）母种制备

2018年秋季,采购各地菌种厂优选菌株制备的栽培种,常规种植后,采集未开伞优秀个体,经表面无菌灭菌后,超净工作台上切取菌盖与菌柄交界处的子实体组织,放置到PDA培养基斜面上25 ℃培养,获得母种。

从本省栽培的大球盖菇材料中,优选了两个个体,按上述方法获得母种。

在长顺县采集到野生大球盖菇材料,按上述方法获得母种。

（2）原种制备

原种培养基配方:玉米芯80%、谷壳10%、麦麸6%、生石灰3%、石膏1%。

将玉米芯、谷壳浸透水后沥水过夜,加入麦麸、生石灰和石膏,建堆发酵3~5 d,其间翻堆2~3次。将发酵后获得的熟料装入750 mL原种瓶中,121 ℃高压灭菌1 h,冷却后在超净工作台上接入0.5 cm²上述母种斜面菌块。25 ℃培养40 d,获得原种。

（3）栽培种制备

栽培种培养基配方:玉米芯90%、麦麸6%、生石灰3%、石膏1%。

将玉米芯浸透水后沥水过夜,加入麦麸、生石灰和石膏,混合均匀后装入35X17聚丙烯菌种袋中,121 ℃高压灭菌1 h,冷却后在超净工作台上接入鸽子蛋大小上述原种菌块。25 ℃培养45 d,获得栽培种。

3. 栽培试验

本实验采用粉碎成长度2~5 cm碎片的薏仁秸秆、市场采购的已粉碎成0.5 cm左右的玉米芯碎粒、谷壳的生料作为培养料开展试验,充分发水后,沥水过夜后备用,材料含水量65%~70%。

（1）培养料配方

T1：薏仁秸秆97%，生石灰3%。

T2：薏仁秸秆77%，玉米芯20%，生石灰3%。

T3：薏仁秸秆77%，谷壳20%，生石灰3%。

CK：玉米芯70，谷壳27，生石灰3%。

将已备好的材料按上述比例与生石灰混合后，即为栽培用培养料。

（2）栽培方法

试验场地为56 m×48 m连栋温室，每跨8 m，长48 m，将土地平整好后，浇一次透水，按40 cm走道、100 cm畦面划线，将走道上的土翻到畦面上，修整成中间略高的龟背型；将培养料平铺畦上（略窄于畦面），厚度5 cm；菌种自袋中取出后用手掰成鸽子蛋大小，均匀播入菌种；然后再铺一层培养料，厚度10 cm，均匀播入菌种；最后再盖一层培养料，厚度5 cm。菌床做好后可以直接覆土，取走道上的土壤均匀覆盖到菌床上，厚度3 cm，完成后走道约低于菌床底部10 cm左右，自然形成排水沟。培养料用量7.5 kg/m²，每平方米用1个菌包；最后，将水稻秸秆均匀地覆盖到菌床上，以刚刚看不到土为宜，不要太厚。

以上菌料，各接种以上菌种2厢，每厢长46 m，每处理实施面积92 m²。

（3）日常管理

本次试验在2019年11月12—13日完成栽培，栽培后1周内不浇水，大棚遮阴，卷膜打开保存通风，通过短暂的开启喷雾设施保持空气湿度在70%左右。1周后可观察到菌丝恢复生长，开始吃料，这时，每天开启喷淋设施5 min；12月1日观察，菌丝生长情况良好。进入12月后气温较低，除晴天开棚外，其余时间均闭棚保温，12月31日观察，菌丝已全部长满。为防止零星出菇影响观察，后期大棚开棚遮阴，停止浇水。

4. 结果与分析

2020年2月25日，对供试大棚开始恢复浇水，每天早晚喷水5 min，3月3日开始出现菇蕾，3月7日开始采收，其后，每天采收并即时称重，连续采收至4月7日。对各菌种培育出的子实体进行外观评价。

（1）培养料配方和菌种对产量的影响

不同配方各菌种的产量详见表5-8。

表5-8　不同配方各菌种产量

单位：kg/m²

菌种/配方	T1	T2	T3	CK
福引1号	3.12	3.35	3.39	3.70
福引2号	3.55	3.29	3.45	3.90

（续表）

菌种/配方	T1	T2	T3	CK
鲁引1号	3.26	3.47	3.54	3.83
黔选1号	2.92	3.16	3.18	3.32
黔选2号	3.34	3.58	3.71	3.96
黔野1号	3.02	3.29	3.41	3.61
黑农球盖菇1号	3.53	3.68	3.78	3.87

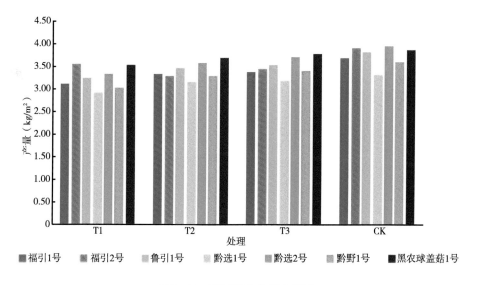

图5-18　不同配方各菌种产量

纯薏仁秸秆的栽培料配方产量普遍较混合配方低，而传统的玉米芯+谷壳配方有更高的产量，但玉米芯价格高达1 000元/t，成本高，综合而言，薏仁秸秆配合谷壳可以产生最好的经济效益。

以纯薏仁秸秆为培养料的T1配方，福引二号产量最高，达3.55 kg/m²；黑农球盖菇1号产量3.53 kg/m²，二者没有显著差异，在T2、T3配方中，黑农球盖菇1号产量均为最高，在CK中，略低于黔选2号，但也没有显著差异。就产量而言，黑农球盖菇1号总体表现最优秀。

（2）不同菌种子实体外观评价

大球盖菇子实体外观对其商品性影响较大，根据市场需求，初步建立了大球盖菇分级体系，根据菇盖色泽、菇柄粗细、菇柄是否空心对上述菌种所培育出来的子实体进行评价。福引2号菌柄粗，但有中空的缺点，自己选育的黔选1号、2号和黑农球盖菇1号均有5个+的评价，外观表现优秀（表5-9及图5-19、图5-20和图5-21）。

表5-9 各菌种子实体外观评价

菌种/配方	菇盖色泽	菌柄直径	菌柄密度	综合
福引1号	正常	中	实心	+++
福引2号	正常	粗	空心	+++
鲁引1号	鲜艳	中	实心	++++
黔选1号	鲜艳	粗	实心	+++++
黔选2号	鲜艳	粗	实心	+++++
黔野1号	正常	细	实心	+++
黑农球盖菇1号	鲜艳	粗	实心	+++++

注：颜色分鲜艳、正常和一般；菌柄直径分粗、中、细；菌柄密度分实心和空心。

图5-19 黑农球盖菇1号子实体   图5-20 黔选2号子实体

图5-21 不同菌种子实体

（3）营养成分比较

经检测，各菌种营养成分差别不大，详见表5-10。

表5-10 各菌种子实体营养成分

成分/菌种	福引1号	福引2号	鲁引1号	黔选1号	黔选2号	黔野1号	黑农球盖菇1号
粗蛋白质（g/100 g）	2.14	2.12	1.94	2.05	2.09	2.24	2.12
粗脂肪（g/100 g）	0.10	0.10	0.10	0.10	0.20	0.10	0.20
粗纤维（g/100 g）	1.00	0.90	0.80	1.00	0.90	0.80	0.90
碳水化合物（g/100 g）	3.86	3.56	4.16	4.06	3.96	3.46	3.76
氨基酸总量（g/100 g）	1.91	1.69	1.02	1.31	2.07	2.18	1.91
钾（mg/100 g）	305.00	302.00	277.00	281.00	298.00	317.00	306.00
磷（mg/kg）	788.00	719.00	534.00	594.00	646.00	675.00	606.00
钙（mg/kg）	36.18	53.28	46.44	49.41	33.84	40.05	57.42
镁（mg/kg）	103.50	99.70	84.50	100.00	92.60	104.50	111.50
还原糖（g/100 g）	1.00	1.76	1.30	1.20	1.00	1.00	1.20
总糖（%）	2.50	1.80	2.60	1.30	1.50	2.20	1.60
总黄酮（%）	—	—	—	—	—	—	—
维生素C（mg/100 g）	2.05	2.09	1.24	2.11	2.23	2.35	2.39

综合产量、外观评价和营养成分比较，适合贵州地区薏仁秸秆种植的菌种为黑农球盖菇1号。建议在种植时，采用混合配方栽培料，可获得更高的产量。自选品种黔选2号也有优秀的表现，后期可进一步开展育种工作，培育具有自主知识产权的大球盖菇新品种。

第三节 大球盖菇露地栽培技术

一、大球盖菇生长发育所需环境条件

大球盖菇发菌菌丝需在温度21～27 ℃，培养料含水量70%～75%，CO_2浓度大于

2%，通风0～1次/h的条件下培养25～45 d。菇蕾形成原基分化需要14～21 d，相对湿度95%～98%，温度10～16 ℃；CO_2浓度小于0.15%，通风4～8次/h或根据CO_2浓度而定，光照100～500 lx。子实体发育（长菇）生长需要7～14 d，相对湿度85%～95%，温度16～21 ℃，CO_2浓度小于0.15%，通风4～8次/h，光照100～500 lx，两潮出菇间隔3～4周。

二、大球盖菇在贵州的适宜种植区域

贵州具有较好的气候和生态资源优势，境内小气候环境众多，具有发展大球盖菇产业的极佳条件，可因地制宜形成全年供应的大球盖菇产业。各地应根据大球盖菇的生长习性，结合当地气候特点、培养料获得难易情况和市场价格等因素，因地制宜合理安排种植时间。低海拔热区如惠水、罗甸、兴义、关岭、镇宁、望谟、册亨等地，可在11月份左右种植，元旦节至春节期间上市，春季还可种一季；中海拔地区如贵阳、安顺等贵州大部分地区，宜在9月左右种植，国庆节至元旦期间上市；高海拔地区如六盘水、威宁等地，可在6月左右种植，夏季上市；全省均可利用冬闲田开展冬春季种植。

三、大球盖菇栽培管理技术

（一）品种选择

目前，大球盖菇品种极少，市售菌种主要来源于福建三明市真菌研究所引进菌株ST0128的后代，四川省农业科学院选育的大球盖菇1号和黑龙江农业科学院选育的黑农球盖菇1号。ST0128适应性广，能在海拔800～2 500 m地区种植。大球盖菇1号子实体菌盖赭红色，菌柄白色，菌褶污白色，子实体单重大，产量高，转潮快，生物转化率达45%，不易开伞，出菇温度广。黑龙球盖菇1号菌丝生长健壮，抗杂能力强，菇柄粗菌盖厚，优质高产。

（二）场地选择及整理

选择水源条件好，土壤有机质丰富、团粒结构好的地块栽培。翻耕平整土地，浇1次透水，用高效低毒低残留农药对环境进行杀菌防虫处理。

（三）栽培管理方法

大球盖菇主要采用仿野生露地栽培，根据对菌材的不同处理方法分为生料栽培法和熟料栽培法，按覆土时间可分为直接覆土法和后期覆土法。

1. 生料栽培法

采用当年玉米秸秆、水稻秸秆等农业废弃物为培养料，适当粉碎至长度5 cm左右，接种前用2%生石灰水或清水浸泡1～3 d，沥水12～24 h，使其含水量达65%～70%待用。或采用喷淋法，边喷水边将培养料翻转混合（翻堆），间隔3～4 h，重复喷水翻堆4～5次，直到培养料完全湿透。含水量判断：抓取一把栽培料，使劲挤压出不连续水滴，含水量在65%左右，如含水量过高需沥水，过低应补充水。

2. 熟料栽培法

（1）发酵场选择与清理

发酵场最好选硬化场地，清理后地面撒一层石灰消毒。

（2）建堆

将生料栽培法的培养料采用淋喷方式吸足水分后，加入5%的麦麸，将培养料堆成底部宽2 m、顶部宽1.2 m、高0.8 m、长度不限的梯形堆，建堆后料堆四周有水溢出但不流出为宜，在料顶部和四周打孔透气，以便通气发酵。距地面和顶面20 cm处各放1支温度计，平行于地面插入料内10 cm左右。

（3）翻堆

建堆后每天记录堆温，达到最高温度维持3 d后第1次翻堆，将外层栽培料翻入堆前空地，再将内部高温区栽培料翻到新堆表层，如培养料含水量较少可适当补水。一般翻堆2～3次培养料可完全发酵，发酵时间受温度影响较大，一般需20 d左右。

3. 菌床制作与播种

（1）整畦

在平整好的土地上按过道40 cm、畦面90～100 cm划线，将过道上的土翻到畦面上，修整成中间略高的龟背形。

（2）铺料接种

夹心饼干法：将培养料平铺畦面上（略窄于畦），厚5 cm；菌种掰成鸽蛋大小，均匀播入菌种；然后再铺一层厚10 cm的培养料，再次均匀播入菌种，保证1个菌包播2次（1 m²）；最后再盖一层培养料，厚度5 cm。菌床做好后可直接覆土，取过道上的土壤均匀覆盖到菌床上，厚3 cm，最后过道约低于菌床底部10 cm左右。如不直接覆土，可在菌床上覆盖稻草、麻布片或无纺布，待菌丝长满至2/3或全部长满后覆土。根据实践，采用直接覆土法有利于抑制杂菌生长，简化栽培管理。一层拱背法：畦面宽60 cm，铺25 cm培养料，扒平与底呈梯形，菌种掰成鸡蛋大小，用手插种入培养料，上面再铺一层厚5～10 cm的培养料，用手或靶子靶平培养料呈拱背型，盖上细土。栽培料生料用量3 000 kg/亩，熟料用量4 000 kg/亩；菌种用量一般按500～750 g/m²，气温较高时应相应增大菌种量，以抑制杂菌生长，尽量避免杂菌污染。

（四）播后管理

播种后培养料温度保持在20～30℃，最好控制在25℃左右，这样菌丝生长快且健壮。堆温过高，应掀掉覆盖物、畦面中部打孔、加强遮阴等方式降温。播种后20 d内一般不浇水，可根据天气情况适当往覆盖物上喷施少量水。20 d后，水分不足时可适当浇水，平时注意向畦面喷雾保湿，大雨时注意排涝。一般30 d左右菌丝长满栽培料，1～2周后菌丝长出覆土即可进入出菇管理，重点是保湿及加强通风透气，需于每天早晚向畦床喷雾，做到少喷、勤喷，不能大水喷浇，使空气相对湿度保持在80%～95%，晴天多喷、阴雨天少喷或不喷，以免造成幼菇死亡。出菇期菇体需求光照较多，但子实体生长期间要遮阴50%～80%，如光照过强，菇体生长后期颜色发白，并对菌床菌丝有一定的伤害。

四、常见病虫害及防治

目前，贵州种植大球盖菇没有发现病害，虫害有少量蛞蝓（鼻涕虫）为害，可采用容器施放四聚乙醛诱杀。总体而言，大球盖菇种植周期短，前期做好灭菌杀虫工作，后期病虫害较少，一网（防虫网）两板（黄板、蓝板）一灯（杀虫灯）措施则可有效控制，不需要使用农药。

五、采收及上市

（一）采收标准

当子实体菌盖呈钟形、菌幕尚未破裂时，根据成熟程度、市场需求及时采收。子实体从现蕾到成熟高温期一般5～8 d，低温期适当延长。

（二）采收方法

采收时先轻轻扭转菇脚，松动后压着基物向上拔起，切忌带动附近小菇，用土填满采收后留下的洞穴。为了避免二次污染，盛装器具应清洁卫生。

（三）转潮管理

采收完一潮菇后清理床面，覆土补平，停水3～5 d进行养菌，为增湿催蕾要喷透水。若原料中心偏干，就要从两垄间多灌水以让水浸入料垄中心，或采取料垄扎孔洞的方法让水尽早浸入料垄中心，使偏干的原料中心通过适量水分的加入而加速菌丝繁殖，形成大量菌丝束，满足下一潮菇对营养的需求。为避免大水淹死菌丝体而使基质腐烂退菌，切忌过量大水长时间浸泡或一律重水喷灌。然后按照前述出菇期方法进行管理。

第四节　大球盖菇林下栽培技术

贵州生态资源优越，小气候环境众多，具有发展大球盖菇产业的极佳条件，近年来，大球盖菇产业发展迅速，特别是利用高海拔林下荫蔽环境发展大球盖菇错季种植经济效益显著。

一、品种选择

目前报道大球盖菇品种有大球盖菇1号、黑农球盖菇1号、山农球盖3号等。但市场上销售的大球盖菇来源较乱，多是由菌种生产者自己栽培的大球盖菇材料中优选材料培育而来。

二、适宜种植区

全省大部分地区均适宜大球盖菇种植，但由于春季（3月中旬到5月下旬）为全国集中上市期，大球盖菇价格较低，而山地条件种植成本高，正季种植大球盖菇种植效益较低。可充分利用高原立体气候优势，在高海拔冷凉地区开展夏秋大球盖菇种植，中海拔地区适度发展秋季种植，低海拔地区则可开展秋冬季种植，通过错季栽培，获得可观的经济效益。

三、场地选择与处理

（一）场地选择

各类针叶林、阔叶林均适宜大球盖菇种植，可选择郁闭度0.5~0.8、行距1.5 m以上的林地作为栽培场地。因为大球盖菇种植需要较多的种植材料，选择林地时要求交通便利、水源方便、排灌顺畅、坡度平缓为宜；坡改梯后退耕还林的林地便于操作，特别适宜开展林下大球盖菇种植。

（二）场地处理

应在栽种前2周，清理场地杂草或林下灌木，修剪树木2 m以下树枝以防刺伤栽培及管理人员。松木林地的松针可以收集起来作为覆盖材料，既节省材料又降低生产成本。

大球盖菇林下生态栽培，初次种植的林地一般不需要杀菌杀虫，可在后期采用诱杀的方式处理蚂蚁、蛞蝓等为害，以保证产品质量、保护生态环境。

四、栽培技术

（一）栽培时期

在贵州省高海拔冷凉地区（海拔1 800 m以上），一般可在每年4月中旬至6月上旬分批种植，6—9月出菇，这是大球盖菇价格最高的季节；中海拔地区可在8月中旬至9月上旬种植，10—12月出菇；低海拔热区可于9月上旬至9月中旬种植，11月中下旬至翌年2月中旬采收，该批次蘑菇可在元旦、春节上市。

（二）栽培基质及处理

几乎所有农作物秸秆和木质均可作为大球盖菇的栽培料，如玉米秆、水稻秸秆、稻壳、玉米芯、花生秆、花生壳、高粱秆、黄豆秆、杂草、竹粉、木屑、灌木碎料等。以上材料可作单一基料，也可混合使用，一般而言，优化混合基质可获得更佳的种植效果，3～5种基料混合，大球盖菇产量可大大提升。部分混合栽培料的高产配方如下。

①木片或木屑56%（指甲盖大小）+玉米芯19%（花生豆大小形状）+稻壳19%+白灰面1%+麸皮5%。

②玉米芯40%+稻壳40%+锯末20%。

③玉米秆（或稻草秆、或麦秸秆）60%+稻壳40%。

④桑条（或树枝、或木片、或木屑）50%+玉米秆25%+稻壳25%。

⑤桑条（或树枝、或木片、或木屑）30%+稻草40%+稻壳30%。

⑥稻壳（或稻草）70%+大豆秆（粉碎）30%。

林下种植基料用量2～3 t/亩为宜。

将上述栽培料适当粉碎至长度5 cm左右，接种前1%生石灰水或清水浸泡1～3 d，沥水12～24 h，让其含水量达最适湿度70%～75%，待用。或采用喷淋法，每天向培养料喷水3～5次，连续喷3～5 d，直到培养料完全湿透。准备稻草或松针作为覆盖物备用。

（三）制作菌床和播种

①林下栽培宜采用窄厢种植，厢宽60～80 cm；也可根据具体地形灵活处理，还可进行大窝堆料种植。种植垄厢顺坡种植以利于排水，横坡则容易被山水冲坏种植培养料。

②种植前将林下土清理平整即可，直接将培养料平铺畦上（略窄于畦面，呈梯形堆放，下宽上窄），厚度6～8 cm，均匀播入菌种；然后再铺一层培养料，厚度10～15 cm，均匀播入菌种；最后再盖一层培养料，厚度6～8 cm。取菌床周边的土壤均匀覆盖到菌床上，厚度1～3 cm，不宜太厚，过厚蘑菇出土时顶土困难，形成畸形蘑菇；取土沟自然形成走道和排水沟。完成后走道约低于菌床底部10 cm（本技术采用直接覆土法，有利于抑制杂菌生长，简化栽培管理）。

③将稻草或松针均匀地覆盖到菌床上，以刚好看不到土为宜，不宜太厚。完成后向畦面上喷水保湿。也可不覆盖，通过播撒黑麦草来增加覆盖度和土壤保湿，亩用种量1.5 kg左右。

注意事项：菌种自袋中取出后用手掰成直径约2 cm大小的小块，不建议揉搓成小粒，一般按1袋/m²播种，气温较高时应相应增大菌种量，通过竞争抑制杂菌生长。操作过程应讲究卫生，采用佩戴手套，高锰酸钾水浸泡器具等措施，注意避免杂菌污染。

（四）林下出菇管理

①播种后20 d内一般不用浇水，可视天气情况适当往覆盖物上喷施少量水。

②建堆播种后应注意观察堆温，要求堆温在20～30 ℃，最好控制在25 ℃左右，这样菌丝生长快且健壮。如果堆温过高，应采用掀掉覆盖物、畦面中部打孔，林间增拉遮阳网加强遮阴等方式降温。

③定时观察培养料情况，水分不足时可向畦面喷雾。

④待菌丝长出覆土即可进入出菇管理，重点是保湿及加强通风透气，每天早晚向畦床喷雾。根据少喷、勤喷的原则使空气相对湿度保持在80%～95%，晴天多喷、阴雨天少喷或不喷，不能大水喷浇，以免造成幼菇死亡，喷水中不能随意加入药剂、肥料或成分不明的物质。

⑤转潮管理。一潮菇采收结束后，清理床面，补平覆土，停水养菌3～5 d，喷重水喷透增湿、催蕾。发现培养料中心偏干时，两垄间多灌水，让两垄间水浸入料垄中心或采取料垄扎孔洞的方法，让水尽早浸入垄料中部，使偏干的中心料在适量水分作用下加速菌丝的繁生，形成大量菌丝束，满足下茬菇对营养的需求。但也不能过量大水长时间浸泡或一律重水喷灌，避免大水淹死菌丝体，使基质腐烂退菌。再按前述出菇期方法管理。

⑥病虫害防治。大球盖菇种植周期短，病害少，虫害主要有蛞蝓、蚂蚁等，蛞蝓可采用四聚乙醛诱杀，蚂蚁可使用蚂蚁清诱杀。

五、采收

（一）采收标准

当子实体菌盖呈钟形，菌幕尚未破裂时，及时采收。根据成熟程度、市场需求及时采收。子实体从现蕾到成熟高温期仅5～8 d，低温期适当延长。

（二）采收方法

采收时用右手指抓住菇脚轻轻扭转，松动后再用左手压住培养料向上拔起，切勿带动周围小菇。采收后菌床上留下的洞穴要用土填满并压实。除去带土菇脚即可上市鲜销，分级包装。盛装器具应清洁卫生，避免二次污染。产品质量应符合国家有关规定。

（三）保鲜储藏

采收后尽快将大球盖菇鲜品放冷库打冷，夏季打冷温度−2~2℃；春秋冬季0~3℃。打冷4h后，分级，然后泡沫箱分装，装完敞开泡沫箱（盖子不能盖上）继续存放冷库（存放时间不宜超过3d）至出货、出库前盖上盖子，并用封口胶密封。

第五节　露地与林下两种栽培模式对
大球盖菇生长影响研究

2016年以来贵州省食用菌产业发展迅速，食用菌成为贵州省12个农业特色优势产业之一，产值逐年增长，大球盖菇作为食用菌产业中的重要一环，因其贵州特有的立体山地气候和丰富的原料来源，形成了全省周年栽培的产业布局。贵州森林面积大，在人多地少的山区、林区，林下种植大球盖菇具有巨大的潜力，在高海拔地区林下荫蔽环境下种植大球盖菇更是具有显著的经济价值。为掌握林下和露地两种不同栽培模式下大球盖菇的生产效率，给高效栽培提供技术支撑，特开展本研究。

一、试验过程

2020年12月至2021年5月，以黑农球盖菇1号为研究对象，在贵州省农业科学院园艺研究所花卉大棚旁平整的杂木林及贵州省农业科学院园艺研究所试验地开展有关露地与林下两种栽培模式对大球盖菇生长影响的研究。陆地栽培无荫蔽条件，林下栽培荫蔽度为60%。两块试验地通风良好，无避雨设施，排灌水条件好，土壤肥力均匀，检测各项数据接近，具体见表5-11。采用薏仁秸秆、糖渣、谷壳、竹屑、玉米芯5种纯栽培料、用量10kg/㎡，具体特性见表5-12。随机区组排列，生料起垄式栽培，小区面积为0.5 m×2.0 m，两垄间隔0.5 m，重复3次，露地与林下各15个小区。2020年12月24—31日进行播种，先将栽培料加水浸泡，至培养料含水量70%左右备用。播种前，平整土地，按照下层培养料、中层菌种、上层培养料的方式播种，最后盖上细土。发菌期间保证培养料的湿度合适，进行常规管护。

记录各组的出菇时间及每日鲜菇产量，同一栽培料不同栽培模式的产量对比分析。测定各组大球盖菇营养成分含量，粗蛋白质采用GB 5009.5—2016、粗脂肪采用GB5009.6—2016、粗纤维采用GB/T 5009.10—2003、碳水化合物采用GB/Z 21922—

2008、氨基酸总量采用GB/T 5009.124—2003、还原糖采用GB 5009.7—2016、总糖采用GB/T 15672—2009、维生素C采用GB/T 5009.86—2016，用于同一栽培料不同栽培模式的营养成分对比分析。采用Microsoft Excel、SPSS软件对数据进行分析。

表5-11　土壤检测项目

序号	检测项目	林下	露地
1	pH值	7.650	7.920
2	有机质	36.400	32.300
3	全氮	0.335	0.300
4	全磷	0.061	0.104
5	全钾	1.900	1.040
6	水分	14.800	18.600

表5-12　5个栽培料特性

序号	栽培料	特征特性
1	薏仁秸秆	干燥无霉变的粉碎颗粒，pH值7.16，水分含量31.2%，颗粒大小平均5 mm
2	糖渣	干燥无霉变的粉碎颗粒，pH值4.51，水分含量42.7%，颗粒大小平均3 cm
3	谷壳	干燥无霉变的粉碎颗粒，pH值7.11，水分含量31.1%，颗粒大小平均5 mm
4	竹屑	干燥无霉变的粉碎颗粒，pH值8.77，水分含量31.9%，颗粒大小小于1 mm
5	玉米芯	干燥无霉变的粉碎颗粒，pH值5.23，水分含量33.2%，颗粒大小平均5 mm

二、结果与分析

（一）出菇时间有差异

从表5-13可以看出，不同试验地从播种到出菇时间有差异，林下栽培出菇时间比露地栽培的出菇时间短，5种栽培料在林下栽培的出菇时间依次为95 d、96 d、96 d、98 d、99 d，露地栽培的出菇时间依次为102 d、105 d、101 d、99 d、107 d。

林下栽培的出菇时间受到栽培料影响比露地栽培弱，林下栽培的出菇时间为95～98 d，露地栽培的出菇时间为99～107 d，5种不同栽培料林下栽培相差3 d，露地栽培出菇时间相差8 d。

栽培模式不同对栽培料的出菇时间影响有差异，林下与露地栽培出菇时间差距最小的是竹屑（1 d），差距最大的是糖渣（9 d），出菇时间差距排序为糖渣>玉米芯>薏仁秸秆>谷壳>竹屑。

表5-13　不同试验地的生长期观察

单位：年-月-日

栽培料	播种		出菇		采摘	
	露地	林下	露地	林下	露地	林下
薏仁秸秆	2020-12-24	2020-12-31	2021-04-05	2021-04-05	2021-04-30	2021-04-30
糖渣	2020-12-24	2020-12-31	2021-04-08	2021-04-06	2021-04-30	2021-04-30
谷壳	2020-12-24	2020-12-31	2021-04-04	2021-04-06	2021-04-30	2021-04-30
竹屑	2020-12-24	2020-12-31	2021-04-02	2021-04-08	2021-04-30	2021-04-30
玉米芯	2020-12-24	2020-12-31	2021-04-10	2021-04-09	2021-04-30	2021-04-30

（二）产量有差异

由表5-14可知，试验共采收3潮菇，其中二潮菇的产量高于一潮菇，三潮菇由于试验地用途变更，没有采收完整菇期，产量最低。

不同栽培料露地栽培与林下栽培产量有差异，薏仁秸秆、糖渣、谷壳林下栽培产量略高，竹屑、玉米芯露地栽培产量略高。

林下栽培与露地栽培产量差异不显著，5种栽培料在不同栽培模式下差距均未超过1 kg，以本试验设计计算，林下栽培和露地栽培在其他条件相同的情况下，亩产差距<150 kg。

表5-14　不同试验地的产量比较

栽培料	产量1（kg）		产量2（kg）		产量3（kg）		总产量（kg）	
	一潮菇		二潮菇		三潮菇			
	露地	林下	露地	林下	露地	林下	露地	林下
薏仁秸秆	3.14	3.22	4.01	4.23	1.74	2.16	8.91 ± 0.43b	9.59 ± 0.41b
糖渣	2.52	2.55	3.21	3.18	2.15	2.25	7.84 ± 0.24c	7.95 ± 0.24c
谷壳	3.57	3.61	4.69	5.02	0.93	1.01	9.14 ± 0.34b	9.61 ± 0.36b
竹屑	3.15	3.22	3.96	4.02	3.15	2.21	10.21 ± 0.54a	9.42 ± 0.32b
玉米芯	1.31	1.18	1.53	1.62	0.74	0.63	3.54 ± 0.24e	3.41 ± 0.21e

注：采用Duncan's multiple range test方法分析，同一列不同字母表示显著性差异（$P<0.05$，$n=3$）。

（三）露地与林下大球盖菇的营养成分

从表5-15看出，不同栽培料对大球盖菇的粗蛋白质、粗纤维、碳水化合物、氨基酸总量、还原性糖、总糖、维生素C含量有影响，例如竹屑和玉米芯的粗蛋白质含量及氨基酸含量较高，薏仁秸秆和谷壳的还原糖及总糖含量较高，糖渣各类数值都偏低。林下栽培与露地栽培对大球盖菇的营养成分影响不明显，林下栽培总体略优于露地栽培。

表5-15　不同试验地的营养成分比较

栽培料		粗蛋白质（g/100 g）	粗脂肪（g/100 g）	粗纤维（%）	碳水化合物（g/100 g）	氨基酸总量（g/100 g）	还原糖（g/100 g）	总糖（%）	维生素C（mg/100 g）
薏仁秸秆	林下	2.38	0.1	1.0	3.8	1.91	1.0	2.6	2.05
	露地	2.35	0.1	1.0	3.7	1.90	0.96	2.6	2.09
糖渣	林下	2.22	0.1	0.7	3.4	1.57	0.66	2.0	2.00
	露地	2.21	0.1	0.7	3.4	1.57	0.68	2.1	1.98
谷壳	林下	2.75	0.1	0.8	4.4	1.96	0.99	2.6	3.30
	露地	2.71	0.1	0.7	4.4	1.93	0.94	2.56	3.26
竹屑	林下	2.92	0.2	1.0	3.9	2.08	0.67	2.2	2.06
	露地	2.88	0.2	1.0	3.8	2.10	0.67	2.2	2.13
玉米芯	林下	3.03	0.1	1.0	4.0	2.12	0.54	2.2	2.10
	露地	2.89	0.1	0.8	4.1	2.16	0.89	2.13	2.14

三、讨论与结论

目前，对于大球盖菇栽培模式的研究和探讨众多，提高林下和露地栽培单位面积土地利用率和空间利用率是实现大球盖菇规模化发展的必然趋势。

通过两种栽培模式的试验结果分析，5种栽培料的出菇时间，林下栽培模式均少于露地栽培模式，林下栽培模式节约管理成本并能提早上市。相同条件下林下栽培模式经济效益优于露地栽培模式；产量跟栽培料的选择有关，两种栽培模式下产量差异不大，在实际生产中，可根据栽培地点选择的成本计算，栽培料的来源与价格灵活取材，以期实现最大的经济价值；大球盖菇子实体的营养成分分析数据中可以得出大球盖菇的林下栽培模式和露地栽培模式栽培出的大球盖菇营养成分无显著差异，林下栽培模式略微优于露地栽培模式。综上所述，林下栽培模式在生产效率和经济效益上均优于露地栽培模式。

第六节 贵州大球盖菇无公害栽培技术

贵州生态资源优越，境内小气候环境众多，具有发展大球盖菇产业的极佳条件。为大球盖菇在贵州的推广种植提供技术支撑，介绍一下贵州大球盖菇无公害栽培技术要点。

一、大球盖菇生长发育所需环境条件

大球盖菇发菌菌丝需在温度21～27℃，培养料含水量70%～75%，CO_2浓度大于2%，通风0～1次/h的条件下培养25～45 d。菇蕾形成原基分化需要14～21 d，相对湿度95%～98%，温度10～16℃；CO_2浓度小于0.15%，通风4～8次/h或根据CO_2浓度而定，光照100～500 lx。子实体发育（长菇）生长需要7～14 d，相对湿度85%～95%，温度16～21℃，CO_2浓度小于0.15%，通风4～8次/h，光照100～500 lx，两潮出菇间隔3～4周。

二、大球盖菇在贵州的适宜种植区域

贵州具有较好的气候和生态资源优势，境内小气候环境众多，具有发展大球盖菇产业的极佳条件，可因地制宜形成全年供应的大球盖菇产业。各地应根据大球盖菇的生长习性，结合当地气候特点、培养料获得难易情况和市场价格等因素，因地制宜合理安排种植时间。低海拔热区如惠水、罗甸、兴义、关岭、镇宁、望谟、册亨等地，可在11月左右种植，元旦至春节期间上市，春季还可种一季；中海拔地区如贵阳、安顺等贵州大部分地区，宜在9月左右种植，国庆节至元旦期间上市；高海拔地区如六盘水、威宁等地，可在6月左右种植，夏季上市；全省均可利用冬闲田开展冬春季种植。

三、大球盖菇栽培管理技术

（一）品种选择

目前，大球盖菇品种极少，市售菌种主要来源于福建三明市真菌研究所引进菌株ST0128的后代，四川农业科学院选育的大球盖菇1号和黑龙江省农业科学院选育的黑农球盖菇1号。ST0128适应性广，能在海拔800～2 500 m地区种植。大球盖菇1号子实体菌盖赭红色，菌柄白色，菌褶污白色，子实体单重大，产量高，转潮快，生物转化率达45%，不易开伞，出菇温度广。黑龙球盖菇1号菌丝生长健壮，抗杂能力强，菇柄粗菌盖厚，优质高产。

（二）场地选择及整理

选择水源条件好，土壤有机质丰富、团粒结构好的地块栽培。翻耕平整土地，浇1次透水，用高效低毒低残留农药对环境进行杀菌防虫处理。

（三）栽培管理方法

大球盖菇主要采用仿野生露地栽培，根据对菌材的不同处理方法分为生料栽培法和熟料栽培法，按覆土时间可分为直接覆土法和后期覆土法。

1. 生料栽培法

采用当年玉米秸秆、水稻秸秆等农业废弃物为培养料，适当粉碎至长度5 cm左右，接种前用2%生石灰水或清水浸泡1～3 d，沥水12～24 h，使其含水量达65%～70%待用。或采用喷淋法，边喷水边将培养料翻转混合（翻堆），间隔3～4 h，重复喷水翻堆4～5次，直到培养料完全湿透。含水量判断：抓取一把栽培料，使劲挤压出不连续水滴，含水量在65%左右，如含水量过高需沥水，过低应补充水。

2. 熟料栽培法

（1）发酵场选择与清理

发酵场最好选硬化场地，清理后地面撒一层石灰消毒。

（2）建堆

将生料栽培法的培养料采用淋喷方式吸足水分后，加入5%的麦麸，将培养料堆成底部宽2 m、顶部宽1.2 m、高0.8 m、长度不限的梯形堆，建堆后料堆四周有水溢出但不流出为宜，在料顶部和四周打孔透气，以便通气发酵。距地面和顶面20 cm处各放1支温度计，平行于地面插入料内10 cm左右。

（3）翻堆

建堆后每天记录堆温，达到最高温度维持3 d后第1次翻堆，将外层栽培料翻入堆前空地，再将内部高温区栽培料翻到新堆表层，如培养料含水量较少可适当补水。一般翻堆2～3次培养料可完全发酵，发酵时间受温度影响较大，一般需20 d左右。

3. 菌床制作与播种

（1）整畦

在平整好的土地上按过道4 cm、畦面90～100 cm划线，将过道上的土翻到畦面上，修整成中间略高的龟背形。

（2）铺料接种

①夹心饼干法。将培养料平铺畦面上（略窄畦），厚5 cm；菌种掰成鸽蛋大小，均匀播入菌种；然后再铺一层厚10 cm的培养料，再次均匀播入菌种，保证1个菌包播2

次（1 m²）；最后再盖一层培养料，厚度5 cm。菌床做好后可直接覆土，取过道上的土壤均匀覆盖到菌床上，厚3 cm，最后过道约低于菌床底部10 cm左右。如不直接覆土，可在菌床上覆盖稻草、麻布片或无纺布，待菌丝长满至2/3或全部长满后覆土。根据实践，采用直接覆土法有利于抑制杂菌生长，简化栽培管理。

②一层拱背法。畦面宽60 cm，铺25 cm培养料，扒平与底呈梯形，菌种掰成鸡蛋大小，用手插种入培养料，上面再铺一层厚5～10 cm的培养料，用手或耙子耙平培养料呈拱背形，盖上细土。栽培料生料用量3 000 kg/亩，熟料用量4 000 kg/亩；菌种用量一般按500～750 g/m²，气温较高时应相应增大菌种量，以抑制杂菌生长，尽量避免杂菌污染。

（四）播后管理

播种后培养料温度保持在20～30 ℃，最好控制在25 ℃左右，这样菌丝生长快且健壮。堆温过高，应掀掉覆盖物、畦面中部打孔，加强遮阴等方式降温。播种后20 d内一般不浇水，可根据天气情况适当往覆盖物上喷施少量水。20 d后，水分不足时可适当浇水，平时注意向畦面喷雾保湿，大雨时注意排涝。一般30 d左右菌丝长满栽培料，1～2周后菌丝长出覆土即可进入出菇管理，重点是保湿及加强通风透气，需于每天早晚向畦床喷雾，做到少喷、勤喷，不能大水喷浇，使空气相对湿度保持在80%～95%，晴天多喷、阴雨天少喷或不喷，以免造成幼菇死亡。出菇期菇体需求光照较多，但子实体生长期间要遮阴50%～80%，如光照过强，菇体生长后期颜色发白，并对菌床菌丝有一定的伤害。

四、常见病虫害及防治

目前，贵州种植大球盖菇尚未发现病害，虫害有少量姑蝴（鼻涕虫）为害，可采用容器施放四聚乙醛诱杀。总体而言，大球盖菇种植周期短，前期做好灭菌杀虫工作，后期病虫害较少，一网（防虫网）两板（黄板、蓝板）一灯（杀虫灯）措施则可有效控制，不需要使用农药。

五、采收及上市

（一）采收标准

当子实体菌盖呈钟形、菌幕尚未破裂时，根据成熟程度、市场需求及时采收。子实体从现蕾到成熟高温期一般5～8 d，低温期适当延长。

（二）采收方法

采收时先轻轻扭转菇脚，松动后压着基物向上拔起，切忌带动附近小菇，用土填满采收后留下的洞穴。为了避免二次污染，盛装器具应清洁卫生。

（三）转潮管理

采收完一潮菇后清理床面，覆土补平，停水3~5d进行养菌，为增湿催蕾要喷透水。若原料中心偏干，就要从两垄间多灌水以让水浸入料垄中心，或采取料垄扎孔洞的方法让水尽早浸入料垄中心，使偏干的原料中心通过适量水分的加入而加速菌丝繁殖，形成大量菌丝束，满足下一潮菇对营养的需求。为避免大水淹死菌丝体而使基质腐烂退菌，切忌过量大水长时间浸泡或一律重水喷灌。然后按照前述出菇期方法进行管理。

六、采收后鲜销

（一）鲜销

1. 清理装箱

按一级菇标准早晚各采收1次，将泥土清理干净，按大小分级后分层规则摆放到泡沫箱中，层间用包装纸隔开。

2. 冷链运输

将泡沫箱放入2~4℃冷库至少4h以上，冷藏车运输至目的地冷库保存、销售。如本地销售，可在清理装箱后直接上市。

（二）盐渍保存

大球盖菇盐渍保存是外销的主要形式，可保存3个月左右。

1. 杀青

菌盖呈钟形、菌幕尚未破裂，即菇体六七成熟时采收。采收时先用竹片等刮去菇脚的泥沙，并清洗干净。然后置于5%食盐沸水中杀青煮沸8~12min，因菇体大小而选择具体杀青煮沸时间，以菇体中心熟透、菇体熟而不烂为临界点。煮制好后捞出，迅速放入冷水或流水中冷透为止，此时熟菇下沉，生菇上浮。杀青煮制用不锈钢锅，切忌用铁锅，以免菇体色泽褐变影响品质。

2. 腌制

大球盖菇杀青冷却后捞出并放入洁净大缸内，并用40%饱和盐水淹没，且上压重物如竹片等。然后在表面撒一层面盐以护色防腐，待面盐溶化后再撒一层，如此反复直至面盐不溶化。

3. 转缸储存

在腌制10d左右后转缸1次，并重新用40%饱和盐水淹没菇体，压盖、撒面盐至盐水浓度保持24%，方可用桶储存和外销。可用加热蒸发法回收已用饱和盐水中的食盐，供循环使用。

（三）干制大球盖菇

干制可以自然晒干、火炕烘干、机械烘干、远红外线烘干等。

1. 晒干

将菇体切片放筛网上暴晒，经常翻动，1～2 d可晒干，移入室内放置1 d，让其返潮，然后在强光下复晒1 d，收起装入塑料袋密封即可。可利用空置的简易大棚进行晒干。

2. 烘干

（1）分级装筛

大球盖菇采收清洗后，通风沥干水，根据菇体大小和干湿程度进行筛选分级，并分级摆放在烘筛上。烘烤前预热烘干机（房）至45～50 ℃温度稍降低后将摆放鲜菇的烘筛排放在烘筛层架上，大湿菇烘筛排放在中层，小湿菇烘筛排放在顶层，开伞湿菇在底层。

（2）调温定型

大球盖菇雨天采摘时的烘烤起始温度为30～35 ℃，晴天采摘的为35～40 ℃。因为菇体受热后表面水分会迅速蒸发，所以要打开全部进、排气窗，以获得最大通风量以排出水蒸气，促使菌褶片整朵固定而直立定型。为防止出现菌褶片倒伏而损坏菇形，或者色泽变黑等降低商品价值的现象，需随即降低温度至26 ℃且保持4 h。

（3）菇体脱水

调温定型经过6～8 h后，以2～3 ℃/h升高烘干温度至51 ℃恒温，促使菇体内水分大量蒸发。升温时及时开闭气窗，相对湿度调节为10%，以使菌褶片直立和色泽固定；同时适当调整上下层烘筛的位置，以使菇体获得均匀一致的干燥度。

（4）整体干燥

经6～8 h烘干温度由51 ℃恒温缓慢升至60 ℃，菇体烘至八成干时，将烘筛取出以晾晒2～3 h后再上架烘烤，双气窗全闭烘至菇柄用手轻折易断，并发出清脆响声时（约2 h）烘烤可结束。一般烘鲜菇：干菇=9：1。

（5）成品分装

烘烤后的干菇按照不同等级分别装于不同食品级塑料袋，密封储藏。

（四）其他

除上述处理方式外，大球盖菇还可用于制菌油、韩式泡菜和休闲小食品等，以扩大消费渠道，提高附加值。大球盖菇为药食同源食用菌，具有很好的医疗保健作用，可提取总黄酮、总皂苷、酚类及相关保健品开发。

第六章

大球盖菇病虫害防治

大球盖菇抗性极强，在生产过程中一般不会发生严重的病虫为害，特别在秋季几乎未发生病虫害。但在某些不利情况下，如草料堆制发酵不良，潮期高温，阴雨期长，环境不洁等，也会出现一定的病虫害。特别是在发菌期或出菇前，会发生一些杂菌，如鬼伞、盘菌、木霉、曲霉、青霉等，其中常以鬼伞为害较多。常见的虫害主要有螨类、跳虫、菇蚊、蜗牛和蛞蝓等。现将有关病虫的为害情况及防治措施分述如下。

第一节 主要病害及其防治

控制杂菌要从源头抓起，选择无霉变，新鲜的栽培原料，接种前对环境进行彻底消毒杀菌，可选择生石灰、克霉先锋等对场地及场地四周喷洒，出现杂菌要及时清除。

一、鬼伞

（一）鬼伞的种类

鬼伞又名野大球盖菇。属真菌门，担子菌亚门，层菌纲，伞菌目，鬼伞科。鬼伞的种类很多，易发生在菌床上的鬼伞主要有毛头鬼伞、长根鬼伞、墨汁鬼伞和粪鬼伞等。鬼伞为一种常见的杂菌，生长在草堆中，起初为白色小突起，以后开伞变黑，是一类菌柄长而纤细、菌盖小而薄的竞争性真菌，影响产量。因种类不同，鬼伞的形态也各有差异。

1. 毛头鬼伞

菌盖初时近圆筒形，后呈钟形至渐平展，白色，顶部淡土黄色，后变深色，布以显著的反卷毛；菌肉较薄，白色；菌褶早期白色，后转为粉灰色至黑色，老熟后自溶为墨汁状；菌柄中空，圆柱形，白色；孢子椭圆形，黑色，光滑。

2. 墨汁鬼伞

菌盖早期呈卵形，伸展后呈钟形，顶端钝圆，有近褐色小鳞片，中央稍具乳突，为黄白色，后变成铅灰色，表面布以纤维状物或粉状物，边缘有辐射状沟；菌肉初为白色，后为烟煤色，较薄；菌褶稠密、宽广，与柄离生，老熟后自溶成墨汁状；柄长纺锤形，白色，中空；孢子椭圆形，黑褐色，光滑（图6-1）。

图6-1　墨汁鬼伞

3. 长根鬼伞

菌盖初为卵形，白色，覆有白绒毛状鳞片，后渐伸展呈圆锥形；菌肉白色，极薄；菌褶初为白色或灰紫红色，后变为黑色，老熟后自溶成墨汁状；柄白色，中空，具白绒毛状鳞片；孢子黑褐色，椭圆形，光滑。

（二）鬼伞发生的条件及为害

鬼伞的孢子大量存在于稻草和空气中。在子实体老熟自溶之前，散发出大量孢子，借孢子传播，孢子落在菌床上即可生长、蔓延。在培养料偏生，料堆内温度较低，培养料含水量过大，或遇高温高湿及料中氨气含量高等条件下，极易发生鬼伞。鬼伞发生的时间，多在大球盖菇子实体原基形成之前，待子实体长出料面后，可见许多灰黑色小形伞菌出现，且生长极快。它们往往只生长在菇床的局部区域，不侵害大球盖菇菌丝体和子实体，但会与大球盖菇争夺培养料中的养分和水分，严重发生时也会影响大球盖菇的生长。鬼伞老熟自溶物污染菌床，容易导致其他杂菌和病害发生，从而影响大球盖菇的产量和质量。

（三）鬼伞的防治措施

对鬼伞主要以防为主，防治措施包括：①保持良好的环境卫生。大球盖菇在铺料或建堆播种前，要清扫四周，并用石灰粉或石灰水泼洒，进行消毒灭菌。②原料稻草要求新鲜干燥，使用前经太阳暴晒2～3 d，利用紫外线杀死稻草中鬼伞孢子及其他杂菌孢子。③选用新鲜无霉变的草料，以防培养料带菌入菇床。④配料时严格控制适宜的水分，防止培养料含水量过高或过低。⑤堆料发酵后，需散堆后再投料播种，使氨气等有毒气体挥发，以利菌丝生长。⑥在栽培管理过程中注意稻草含水量不要过大，并加强通风管理，以抑制鬼伞的生长。⑦发现鬼伞子实体，要及早连根拔掉，以减少养分消耗和防止孢子扩散蔓延。

二、霉菌

霉菌多发生在制种过程和栽培前期，如木霉、曲霉、青霉等；出现在原料中，呈现绿色、黑色、灰白色等杂色，它抑制菌丝生长，最后使原料腐烂自溶。引起霉菌的主要原因是原料消毒处理不彻底。防治措施包括：①制种、灭菌、消毒要过关。②稻草要求新鲜干燥无霉变；使用前经太阳暴晒2 d，并用石灰水浸泡，春播稻草最好用0.5%多菌灵浸泡后再种植。③播种后稻草出现霉菌，则用2%多菌灵液喷洒。

（一）木霉

1.发生条件及为害

菌丝无色，具分隔，多分枝。分生孢子梗从菌丝的侧枝上生出，直立，分枝，小分枝常对生，顶端呈瓶形，上生分枝孢子团，分生孢子球形或椭圆形，绿色。它适应性广，生长迅速，广泛分布于自然界中，是空气和土壤中的常见霉菌。它可侵染大球盖菇的菌种和菇床，也是一种病原菌。它具有较强的分解纤维素的能力，并产生毒素，抑制大球盖菇菌丝及子实体的形成和生长。在培养基碳水化合物过多，偏酸性及高湿的条件下子实体采收后遗留下的残根极易被其侵染。

2. 防治方法

培养料配制要合理，碳水化合物含量不能过高，堆制发酵要处理好。培养基的pH值要适宜，过于偏酸时可在菇床上喷较浓的石灰水以调整氢离子浓度。局部产生木霉菌时，可挖除其培养基，或用5%的浓石灰水涂抹，以抑制其发展。子实体采收后，要及时清除老菇根和清理菇床，不让菇根及残次菇体留于菌床。

（二）曲霉

1. 发生条件及为害

曲霉又名黄霉菌、黑霉菌等。为害大球盖菇的主要是黑曲霉、黄曲霉和灰绿曲霉。黑曲霉菌落在PDA培养基上时，初为白色，后变为黑色，分生孢子球形，炭黑色。黄曲霉菌落初带黄色，后渐变为黄绿色，最后呈褐绿色，分生孢子球形，黄绿色。灰绿曲霉菌落初为白色，后为灰绿色，分生孢子椭圆形至球形，淡绿色。它们广泛分布于空气、土壤及各种有机物上。适合偏碱性条件生长。黄曲霉不但污染菌种及培养料，与大球盖菇争夺养料和水分，而且分泌的毒素还危害人体健康。温度在25～30 ℃，相对湿度在80%以上时，最适宜曲霉菌生长。曲霉菌是大球盖菇制种中的一种常见的污染性杂菌，栽培过程也可发生此类杂菌为害。

2. 防治方法

搞好栽培场地及制种室的清洁卫生，及时清除废料和杂物，以减少侵染源。制种时，菌种瓶装料不要过满，料不能与棉塞相接触。装完瓶后要洗净瓶口，除去有机物，保持棉塞和瓶身清洁，以减少杂菌传播。发现感染曲霉的菌床后，可喷50%的多菌灵溶液，以抑制其生长和扩散。

（三）青霉

1. 发生条件及为害

大球盖菇生产中常见的污染种类为产黄青霉、圆弧青霉。它们的分生孢子为球形或近球形，无色或淡绿色。菌落灰绿色、黄绿色或青绿色，绒状。有分泌物和水滴。青霉种类多，分布范围广，在很多有机物上均能生长。温度在25～30 ℃，相对湿度在90%以上时极易发生。青霉孢子小，但数量多，是大球盖菇制种、栽培过程中广泛引起污染的一类杂菌。青霉污染的地方，大球盖菇的菌丝生长受到抑制或不能生长。培养料中碳水化合物含量过高时，易发生此菌。

2. 防治方法

注意搞好制种和栽培场地的环境卫生，尽量减少污染源。制种时尽量避开高温和潮湿环境。发现青霉后及时处理，对菌种瓶外已形成的橘红色块状分生孢子团，应先用湿纸或湿布小心包好后拿掉，浸入多菌灵等灭菌药液中，切勿用喷雾器直接对其喷药，以免孢子飞散传播。

第二节　主要虫害及其防治

一、螨类

（一）发生条件及为害

螨类属于蛛形纲，蜱螨目。是一些体形很小的害虫。一般有针尖大小，用肉眼难以看清，要用显微镜或放大镜才能观察到。螨类是栽培过程中常见的一类害虫。它们主要潜藏在厩肥、饼粉、米糠、麦麸等内，多随这些原料侵入其培养料。螨类的嗅觉十分灵敏，常聚集于大球盖菇种块周围，嗜食菌丝体，使菌种不能萌发和生长。若在菌丝生长或子实体形成时侵入，则把菌丝咬断，引起菌蕾死亡，或子实体萎缩至死，严重时，可将菌丝全部吃光，以致不能出菇。

螨类喜栖温暖、潮湿的环境，在18～30 ℃条件下，栽培场所湿度大，最适合其繁殖生长。特别是在栽培环境卫生不良、消毒灭菌不彻底，或栽培场所靠近鸡舍、谷物仓库、碾米厂、面粉厂及垃圾场时，最易引起螨害发生。

（二）防治方法

第一，菌种培养室和栽培场所，应远离谷物仓库、鸡舍和饲料间，以杜绝虫源。

第二，严格处理培养料，在配料时，每10 m²的培养料（约200 kg）拌入4%的二嗪农可湿性粉剂45 g，以杀死成虫和虫卵。培养料高温发酵时，当料温达60 ℃以上时，螨类耐受不住，会自动往外爬出，此时可对料面喷25%的二嗪农乳油500倍液对其杀灭。覆土用蒸汽或加福尔马林消毒防治。

第三，苗床上出现螨类对，可用烟梗和柳树叶按2∶5的比例，加20倍水熬成混合液喷杀。

第四，用糖醋水溶液加0.6%左右的敌敌畏药液，浸纱布后覆盖在菌床表面诱杀；或在菌床底部按一定距离塞进蘸有5%敌敌畏药液的棉球进行驱杀；也可用纱布浸红糖水后覆盖在菌床表面诱集，然后轻轻收起，用开水池纱布烫杀。

第五，草料堆上出现螨类为害时，可在草堆四周放上蘸有0.5%敌敌畏的棉球；或在草堆上铺盖旧报纸后喷糖水或敌敌畏药液进行驱避或诱杀。

第六，菌床上发现螨类后，可直接喷洒以下药剂：73%g螨特乳油2 000～3 000倍液、25%二嗪农乳油1 000倍液、50%辛硫磷乳油5 000倍液、40%乐果乳油1 000～2 000倍液。这些药剂均对菌丝生长没有多大的影响，但药液对菌床湿度有一定影响，不可喷过多药液，以免造成菌丝腐烂，药液更不要喷于子实体上，以免残毒影响菇质。

二、跳虫

（一）发生条件及为害

又叫烟灰虫、弹尾虫，属昆虫纲，弹尾目。虫体坚硬，形如跳蚤，比芝麻粒还小。幼虫白色，成虫银灰色至蓝色，成堆密集时如烟灰一样；口器咀嚼式，尾部有一弹跳器，善于跳跃。体表具油质，不怕水。跳虫的种类很多，常见的有原跳虫、蓝跳虫、菇疣跳虫、姬园跳虫、黑角跳虫、角跳虫及菇跳虫等。主要由培养料或覆土带入菌床。大球盖菇播种后，跳虫常聚集于菌种周围，吃食菌丝体；子实体形成时，可从伤口或菌褶部分侵入，将子实体咬成千疮百孔，使其失去商品和食用价值。跳虫大量产生时，常群集在菌蕾或菌盖上为害，使小菇蕾枯萎死亡。跳虫还能携带和传播病菌，产生病害。潮湿和老菇房最易发生跳虫病害。

（二）防治方法

第一，对培养料和覆盖土进行处理，方法同螨类防治。

第二，注意栽培场所的环境卫生。跳虫常在烂菇、垃圾、菇房门后聚集，应注意清除打扫。亦可用3%烟碱石灰粉进行地面清洗。

第三，菌床发生跳虫时，可适当喷水将跳虫引至床面，然后喷药杀灭。如菌床湿度过大，可用30%烟碱泥土粉喷撒于床面。也可用80%敌敌畏乳油1 000倍液加少量蜂蜜诱杀。

第四，也可用以下药剂直接喷于菌床：出菇前用50%敌百虫可湿性粉剂250倍液或40%乐果乳油500倍液喷洒菇床面；出菇后可用鱼藤精1 000倍液或150～200倍除虫药液喷洒床面；40%的烟碱30 g兑水5 kg左右，喷菌床17 m²亦可。

三、菇蚊类（含菇蝇类）

（一）发生条件及为害

菇蚊类（含菇蝇类）属双翅目，眼菌蚊科昆虫。成虫大小如米粒，细长，黑色或深褐色。触角和足细长，翅长，静止和爬行时双翅平叠于背上。有光泽，该虫可在培养料上生活。子实体形成后，咬食菌柄和菌盖。幼虫无足，蛆状，头部黑色。播种后其幼虫蛀食菌丝体，严重时使菇体死亡。幼虫具有趋糖性、避光性、趋温性和群集性。成虫不直接为害，但可传播病菌及螨类。

（二）防治方法

第一，菇蚊类（包括菇蝇等）主要来源于培养料，因此要注意培养料使用前的消毒杀虫，方法同防治螨类相似。如在菇房内栽培，其门窗要装60目纱网，防止成虫侵入菇房。

第二，注意环境卫生，加强栽培场所的管理，方法基本同跳虫的防治。

第三，菇蚊类有趋光性，成虫发生时，可在栽培场所装灯锈杀。方法是：在菇床上方约60 cm的地方，装一盏20 W的黑光灯，灯下放一个盘子或口径为30 cm的盆子，盘或盆中装80%敌敌畏乳油1 000倍液，诱来的菇蚊等即可掉入其中被毒杀。7 d左右换1次药液。

第四，采用菇房栽培时，可在室内进行熏蒸，方法是：用80%敌敌畏乳油，每3.3 m²用药100 g，用纱布浸湿后挂床架上进行熏蒸；也可用磷化铝，每立方米空间用药10 g，密闭熏蒸24 ~ 48 h，可兼治跳虫等害虫。

第五，也可直接用下列药剂：鱼藤精1 000倍液喷菇床；20%乐果乳油500倍液喷菇床；3%烟碱泥土粉，每隔1 d喷撒床面和地面1次，连续3 ~ 5 d。除鱼藤精外，考虑到对菇体的污染，其他药剂一般应在出菇前或采菇后喷施。

四、蛞蝓和蜗牛

（一）发生条件及为害

属软体动物门，腹足纲，柄眼目。这类软体动物的特征是：头部发达而长，有两对可翻转缩入的触角，前触角作嗅觉用，眼在后触角顶端，口位于头部腹面，足位于身体的腹侧，左右对称，有广阔的砥面。蜗牛体外有一扁圆球形螺壳。蛞蝓除体外无螺壳外，其他形状与蜗牛相近似。口腔有颚片和发达的齿舌。雌雄同体，异体受精。

为害大球盖菇的蜗牛（俗称山螺丝）为灰蜗牛和同型的巴蜗牛，蛞蝓（图6-2）为野蛞蝓和黄蛞蝓、也有

图6-2　蛞蝓

双线嗜粘蛞蝓（俗称象鼻涕虫）。这两种害虫均为卵生，卵产于培养料或土壤中，喜欢在阴湿环境中生活，多随培养料或覆土带入菌床或菇房。蛞蝓白天多躲藏在阴暗、潮湿处或土、石缝中，黄昏后出来觅食。其在为害大球盖菇时，噬食菌盖或耳片，致使菇体穿孔，并于所过之处留下一道白色黏液，使菇体失去商品价值。

（二）防治方法

第一，注意培养料和覆土的消毒。

第二，发生时人工捕捉。

第三，按1∶50∶50的比例将砷酸钙、麦麸、水做成毒饵，放于栽培场所四周对蛞蝓进行诱杀。

第四，用漂白粉、石灰粉按1∶10混合后，撒于蛞蝓经常活动的地或料堆四周，使害虫接触后死亡。每隔3～4 d撒药1次。

第五，用1%的菜籽饼浸出液喷洒地面驱除，或用5%的热碱水滴杀。

第六，严重发生时，可用300～500倍的五氯酚钠液或15～20倍盐水喷地面杀除。

五、蚯蚓

铺料之前在菇场内喷洒浓度为1%的茶籽饼液，可以防止蚯蚓为害菌丝和子实体。

六、蚂蚁和老鼠

（一）发生条件及为害

大球盖菇在栽培过程中，往往也遭受蚂蚁和老鼠的为害。老鼠常在草堆做窝，破坏菌床，伤害菌丝及菇蕾。

（二）防治方法

在大田栽培时，一般用生石灰进行消毒防治，当发现蚂蚁巢时可将红蚁净药粉（红蚂蚁类）均匀撒在散布有蚁路的场所，待蚂蚁食后即能整巢死亡，或用白蚁粉（白蚂蚁类）1～3 g喷入蚁巢，5～7 d即可见效。对老鼠可用杀鼠药防治；也可将刚杀死的老鼠血滴在栽培场四周吓退老鼠；又可用电猫防老鼠，用电猫时要注意安全。

合理调控温度、湿度和空气是减轻病虫害发生的关键。一般来说，料温与气温相对平衡的条件下，病虫害就不容易发生；反之，料温与气温相差大，特别是料温高、气温低，就易发生病虫害。

第七章

大球盖菇生产模式及种植实例

第一节　大球盖菇与水稻轮作

一、季节安排

将稻草晒干后按畦铺在收割后的水稻田上，然后灌水播种大球盖菇，覆土发菌。水稻的种植是将水稻育苗后插秧到翻整好的大球盖菇采收地；大球盖菇播种时间为10月下旬至11月上中旬，采收结束时间为4月下旬至5月上旬；水稻插秧时间为5月下旬至6月上旬，收割时间为10月下旬。

二、大球盖菇栽培要点

（一）场地选择

选择向阳、通风、近水源、不积水、沙壤土或壤土的田块为宜。

（二）栽培方法

田块四周挖宽30 cm、深20～30 cm的排水沟。水稻收割脱谷后把稻秆尾部扎成一小把竖立着晒干，晒成金黄色、足干。以稻草的自然长度为宽度，顺着畦向，排放在冬闲田里，排放时头部交叉堆叠，堆叠高度30～35 cm，每畦间距60 cm。待整丘的畦床排放完毕，即可引水灌田，当水灌到田埂高时，用脚踩踏稻草1～2遍，稻草浸泡2 d

后，翻动上下稻草，继续浸泡2 d，然后排干多余的田水，自然沥干稻草中多余的水分（掌握稻草水分含量，以2根稻草用手能握出1~2滴水为宜）。浸泡踩实后的稻草厚度20~25 cm。一般栽培1 m²要备足干稻草15~20 kg。选用适龄的麦粒种、菌草种、木屑种等。菌种用量（按平方米计算）。麦粒种500 g，菌草种或木屑种1 kg左右（每袋湿重约500 g）。用点播法，即将菌种掰成2~3 cm大小的块状，人蹲在稻草畦床上，进行倒退操作，一排一排地点播在稻草上（菌种播幅10~12 cm），点播完一排，人倒退一步，随即用畦面上的稻草覆盖在前排的菌种上，覆盖厚度2~3 cm。边播种边覆土，将畦沟的土挖起打碎成一小块覆盖在稻草上，覆盖厚度3 cm左右，畦边的稻草头可稍露。覆土后盖上干稻草，以看不到覆土为准。一般用于覆盖的稻草需1.5 kg/m²左右。播种后2~3 d菌丝开始萌发。3~4 d菌丝开始吃料，菌丝生长前期不喷或少喷水。经20 d后，菌丝已占培养料的1/2以上，这时若土面出现干燥发白现象，应适当轻喷水，菇床侧面可多喷些，中间部分少喷，切忌用水过量。当菌丝吃料2/3以上时，结合清沟将裸露的稻草头覆上土。春季雨水多，要做到沟沟相通，防止积水。深秋季节，当菌丝长满料层时，这时气候一般较干燥，要灌跑马水，畦面要喷水以保持覆盖的稻草和覆土层呈湿润状态（若覆土层已呈湿润状态则不必喷水）。当菇蕾长至直径2 cm时可适当减少喷水量，掌握轻喷少喷原则。

第二节　纯稻草生料果园栽培模式

稻草是我国南北各地大量拥有的农作物秸秆，原料资源极为丰富。用纯稻草生料在果园行间空地栽培大球盖菇可大大降低成本，提高经济效益。且种菇后的下脚料可就地还田，有利于改良土壤和提高地力，为果品丰收高产创造良好条件。据报道，每平方米可产鲜菇10 kg以上。若按每亩果园可利用面积100 m²计算，可产鲜菇1 000 kg，鲜菇按5元/kg计算，可创产值5 000元，可获纯收入3 000~3 500元。经济效益十分可观。

一、栽培季节选定

因地制宜地选定好栽培季节来安排生产季节。一般来说，9月至翌年3月均可播种，高海拔地区栽培期可适当提前，即8—12月和12—6月，可各栽培一季。以秋初播种温度最为适宜，菌丝生长快，出菇早产量高，出菇高峰期有望处于元旦、春节前后，这时候的市场较好，经济效益高。

二、栽培原料的选择和处理

要选用优质稻草，要求新鲜、足干、金黄色、无霉味，质地较坚挺。晚稻草质地较坚硬，用于栽培大球盖菇产菇期较长，产量也比较高，可当首选原料。新鲜足干的中稻草也可选用。将选好的稻草先置阳光下暴晒1~2 d，以消灭部分病虫害。再将稻草浸入清水或3%的石灰水中，浸泡1~2昼夜，让其浸透脱蜡变软和吸足水分，以利于播种后菌丝的萌发定植和生长。

三、栽培场地的选择和整理

为有利于生产和高产，栽培大球盖菇的果园必须注意以下几点。

①靠近水流，排灌方便，地势较高，在多雨季节也不积水的果园，以保证大球盖菇的正常生长。

②土质肥沃，富含腐殖质而又疏松的土壤，播种后可就地取材，在菌床上覆盖含有腐殖质的疏松土壤，有利于通气、增肥、保温，可促进菌丝生长，有利于早出菇、多出菇、出优质菇。

③选用坐北朝南、避风向阳的果园作场地。大球盖菇喜生长在半遮阳的环境，但忌用低洼地和过于阴湿的场地。

四、建造菇床

先将果园（最好是柑橘园）行间空地整成菌床，一般以自然行间空地大小为准，行中间留一条30 cm左右的人行道，靠果树两边整成龟背形菌床，床高25~30 cm，宽、长依果园和行间大小而定。投料播种前，先用石灰粉和多菌灵等对菌床及四周进行灭菌消毒，然后投料建堆播种。每平方米投纯稻草干料20~25 kg，草堆建在菌床上，堆高25~30 cm，长宽为140 cm×70 cm，铺一层草料播一层菌种，最上层覆盖一层稻草，一般辅料3层、播种2层。播种方法：可穴播，亦可撒播（麦粒种以撒播为宜），播种量15%（或每堆料播种600~700 g）。最上层覆盖一层稻草，并加盖草帘或旧麻袋，保温保湿以利发菌。

五、播种后管理

菌丝生长阶段最适堆温为22~28 ℃，培养料含水量70%~75%，空气湿度85%~90%。因此，在播种后应采取相应措施，为多发菌创造有利条件。

（一）保持菌床料堆覆盖物湿润

播种后20 d内，一般不要对菌床草料堆直接喷水，平时只要保持菌床料堆覆盖物湿润即可，并要备好薄膜，防止菌床被雨淋。

（二）适期适量喷水

播种20 d后，可根据天气情况，适量喷水，菌床四周多喷，中间少喷，保持空气湿度在85%以上即可。

（三）调控堆温

在正常情况下，建堆播种后堆温会稍有升高，一般要求堆温在20~30 ℃，最适25 ℃左右。若堆温过高，应将草堆上半部翻开或打洞通气降温；若堆温过低，应加厚覆盖物，以利增温保温。

（四）覆土

在正常情况下，播种后2~3 d即可见到菌块发白，7 d后菌丝向四周伸展，菌丝洁白，并有明显分枝。30 d左右菌丝基本可长透培养料。此时即可对菌床料堆进行覆土，覆土以直径1.5~2.0 cm的沙壤土（果园中整畦时挖出的土亦可）为宜，拌和少量石灰粉和多菌灵消毒后再使用，覆土厚度2~3 cm。覆土可起到增肥、保湿及提供有益微生物菌群的作用，且可促进菌丝扭结现蕾出菇。覆土后适量喷水，以湿润覆土为宜。覆土后15~20 d即可出菇。

六、出菇期间的管理

子实体形成期间，要加强通风保湿工作。每天将料堆的覆盖物掀开几次，以利于通气增氧。要保持场地空气湿度在90%~95%，应根据天气情况，每天喷水2~3次，也可进行沟灌增湿，并要检查堆料含水量，要求菌丝吃透草料后稻草变为淡黄色，含水量不低于75%，用手捏紧培养料时有松软感和湿润感，有时还要稍有水滴出现为宜。总之，既不要使堆内草料过湿，也不要使草料太干燥，要注意适量喷水。

七、采收

大球盖菇从现蕾（露出白点）至成熟需7~10 d，在开伞前采收为宜。采收时用拇指、食指和中指抓住菇柄基部，轻轻扭动，松动后再向上拔起。切勿带动周围的小菇，以免损伤幼菇，影响下一潮出菇。采下的菇除去泥土，即可上市销售。也可进行干制或盐渍加工。采收第1批菇后，对料堆喷1次水，覆膜盖菌，10 d左右又可采收2~3批菇。

第三节 棚架蔬菜下套种栽培模式

在藤本蔬菜（如四季豆、黄瓜、丝瓜、苦瓜等）架下套种大球盖菇，是蔬菜立体栽培的一种新型高产高效优化模式。此种模式可利用蔬菜的棚架材料及蔬菜的藤叶为大球盖菇创造荫、湿等优越条件，达到节省开支、降低成本、提高经济效益的目的。其栽培技术要点如下。

一、种好藤本蔬菜

套种大球盖菇的藤本蔬菜，春季以四季豆、黄瓜等为宜，夏季以丝瓜、苦瓜等为宜。蔬菜应选用高产优良品种。现介绍一下有关高产优良新品种以供选用。

（一）豆角类

1. 激光豆角

荚长80 cm以上，最长可达1.3 m。肉厚细嫩，不易老化，产量高，每亩产量可达3 000 kg以上。春、夏、秋3季均可播种，从播种到结荚只需50～60 d。

2. 特选三尺绿

荚长120 cm，是一般豇豆长度的2倍。特粗，最大直径达1.8 cm，每亩产量可达3 500～4 000 kg，播种后55～66 d即可采收。适应性广，抗寒耐热，全国各地均可栽培。3—7月均可播种。

（二）黄瓜类

1. 特选1号

适应性广，耐寒抗热，能在14～38 ℃的温度下正常生长，并开花结果。全国大部分地区可在3—8月随时播种。抗病性强，对黄瓜三大病害均有很强的抗性。春夏栽培一般每亩产量5 000 kg以上。瓜呈短棒形，色泽翠绿有光泽，刺瘤少，品质佳。

2. 密刺王

耐低温，适合早春栽培。瓜型优美，产量高，每亩可达7 500～8 000 kg，最高可达15 000 kg。瓜色深绿，刺较密，肉质细嫩，甜脆可口。该品种抗病力特强，整个生产过程不需防病治病，被称为"无公害黄瓜"。

（三）苦瓜类

1. 长丰王

台湾品种，果形大、产量高。单瓜重 0.5 ~ 1.5 kg，绿皮绿肉，苦味轻且稍带甜味。该品种抗热耐寒，抗病性强，适应性广，产量高，每亩可达 5 000 kg 以上。

2. 长白苦瓜

瓜长圆筒形，果皮白色微绿，瓜长 50 ~ 80 cm，肉厚 0.9 ~ 1.1 cm，单瓜重 1 ~ 2 kg。每亩产 12 000 kg。肉质脆嫩，清凉微苦。该品种以"粗长"闻名全国，各地均可栽培。

（四）丝瓜类

1. 翡翠特长丝瓜

瓜长 50 ~ 70 cm，瓜形长，瓜色翠绿，肉质细微，煮熟后不变色，色艳味美。单果重 0.5 ~ 1.0 kg，产量极高。抗高温、耐潮湿、抗病力强、适应性广，各地均可栽培。

2. 金丝瓜

原产印度，明朝曾作为贡品。对土肥要求不严，适应性广，全国各地均可栽培。特耐储藏，春瓜可保存 3 个月，秋瓜可保存半年。肉质脆嫩，含有 18 种氨基酸和多种矿物质，既可鲜炒作汤，也可加工成罐头食品，属于珍稀蔬菜新品种。

蔬菜的种植技术按常规方法进行。只是搭架有一定要求，因为棚架下要套种大球盖菇，其棚架既要能让蔬菜爬架和正常生长，又要考虑到套菇的操作方便及有利菇类的生长发育。为有利于生产，棚架蔬菜下套菇，可先投料播种菇类，然后在菌床上搭建"人"字形蔬菜棚架，即先在已整好的蔬菜畦面（要求宽 120 cm 以上，中间留 25 cm 人行道）两边铺料播种大球盖菇，覆膜后让其发菌。随即在菌床两边播种豆瓜类蔬菜，让其出苗生长，当苗高 15 cm 左右时，即进行搭架，让其爬架生长。棚架材料要求稍长一点，使棚架略高于一般棚（要求架高 2 m 左右，以利操作），这样的棚架既可让上述蔬菜新品种挂果稳固，也有利菇类生长对通风透光的要求，达到菜菇双丰收。

二、套种好大球盖菇

首先要安排好播种季节，播种季节基本上与上述各类蔬菜同步进行。春播时间可在 3 月底或 4 月初，夏播时应在 5 月底至 6 月初。其次是配制培养料，培养料的配制可参照前述各种栽培模式进行。最后是投料播种，既可在畦面上建成 1 m² 的小堆（堆高 25 cm 左右）分层播种，也可将培养料平铺于畦面上分层播种。播种方法：固体菌种最好穴播，穴距 10 ~ 15 cm；麦（谷）粒种可撒播。先铺一层料，再播一层种，一般铺料3层，播种2层，每层料5～8 cm，整个料层高一般不超过30 cm。播种量为干料重的10%～15%。播完种后，最好在其上面覆盖2～3 cm厚的一层沙壤土，再覆膜保温保湿以利发菌。发菌期间不需特殊管理，播种后3～5 d，检查一下发菌情况，如发菌不正常，菌丝已萎缩，或有部分料面未发菌，应及时补种。如发现局部有霉菌感染，需控制其感染部分，或用浓石灰水喷洒，可抑制其扩散蔓延。春播菇要防低温侵袭，当有大风寒潮出现时，应加厚覆盖物（用稻草、旧麻袋或草帘等），以防受冻影响菌丝生长。夏播菇要防高温"烧菌"，当气温达35 ℃以上时，应及时揭膜通风降温，其余管理同常规。采菇及采菇后的管理亦按前述各模式进行。

第四节　保护棚栽培模式

所谓保护棚，顾名思义，就是能保温、保湿、遮阳、防雨、防雪、防风，对栽培菇类（或其他蔬菜类）起保护作用，使菇类能在一个安全适宜的环境条件下正常生长的塑料大棚。保护棚可以利用已有的蔬菜大棚单独种菇或与蔬菜套种，让其共生共荣。没有蔬菜大棚的地方，可仿照蔬菜大棚重新建造。保护棚根据占地面积，可分大棚、中棚和小棚；根据建棚使用材料，又可分竹木式、竹木钢筋混合式、无柱钢架式和无柱管架式4种。建什么样的棚可根据生产规模和财力多少自行确定。

一、保护棚栽培模式的优点

一是可避免不良气候的影响。保护棚栽培大球盖菇，可避免冬季气温过低和春季雨水过多对发菌和出菇不利的影响，达到好管理、发菌好、出菇快、稳产高产的目的。二是能科学调节出菇期，提高经济效益。当各种菇类处于出菇高峰期，菇市行情不佳时，可适当控制或推迟出菇期；当菇类和蔬菜处于淡季时，可加强科学管理，使其早出菇、快出菇、出好菇，以满足市场需求，做到"人无我有"，从而获得较高经济效益。三是可以不受季节限制，一年四节均可栽培。此模式最适宜我国北方和建有蔬菜大棚的大中城市郊区菜农使用。

二、保护棚及其建造

保护棚的建造类型，可根据材料来源、生产规模和财力大小来确定。根据棚架结构所用材料来看，竹木式塑料大棚造价最低，每亩投资约1 000元，但使用年限较短，一般只能使用3～5年。无柱管架式造价最高，每亩投资需万元左右，但适于机械化操作，牢固度高，使用年限也较长，最长可达20～25年。竹木钢筋混合式大棚造价居中，每亩投资1 800～2 000元，使用年限为7～10年。我国东南沿海一带，因常有台风袭击，以建造无柱管架式或竹木钢筋混合式结构的保护棚为宜，因牢固强度较高，可抵抗较大风力，以免遭受台风之害。其他地区建造竹木式塑料大棚或竹木钢筋混合式大棚即可。这两种大棚，全国各地均可使用，但以北方大中城市郊区最为适宜。此棚除了用于种植大球盖菇，还可以用于种植其他菇（耳）类，同时，也是进行反季节栽培蔬菜的良好设施。根据目前我国农村或菇农的经济状况，现将竹木式塑料大棚和竹木钢筋混合式大棚两种大棚的建造方法介绍如下。

（一）竹木式塑料大棚的建造

此结构主要包括立柱、拉杆、拱杆、压杆、棚门立柱横木等。

1. 立柱

用5～8 cm的木杆或竹竿制成。每排立杆4～6根，东西方向主柱距离为2 m，南北方向立杆距离为2～3 m。如建12 m宽、40 m长的大棚，每根拱杆下应有6根立柱，其中2根中柱高各为2.0 m，两根腰柱高1.7 m，均为直立，两根边柱高1.3 m，稍斜立，以增强牢固性。全部立杆埋入地下40 cm，下奠柱基石。立杆的作用是承担棚架和薄膜重量及风雪负荷。其承受风雪的负荷量要能抵御当地最大风雪所造成的压力，一般要能承受8级大风，风速约20 m/s，风荷载为26.9 kg/m^2，雪荷载22.5 kg/m^2（以积雪30 cm厚为准）。能达到上述负荷值，才能保证安全生产。建棚时必须加以重视。

2. 拉杆

横向连接立柱、小枝柱和承担拱杆及压杆的横梁。拉杆对大棚骨架整体起加固作用。其横向承压较大，一般要用6～8 cm粗的木杆或竹竿制成。拉杆固定在立杆顶端下方20 cm处，形成悬梁，上接小支柱。

3. 拱杆

支撑塑料薄膜的骨架，起固定棚形的作用，用4～5 cm粗的竹竿或毛竹板片制成。横向固定在立柱顶端或小支架上，形成弧形棚面，两侧下端埋入地下30 cm。

4. 压杆

固定薄膜防风吹跑。大棚覆膜后，在两条拱杆中间用竹竿压紧，将压杆用铁丝穿过薄膜拉紧固定在拉杆上。覆盖薄膜时，最好在大棚中间最高点处和两肩处设2～3处换气孔口，换气口处薄膜重叠15～20 cm，换气时拉开，不换气时拉合即可。覆膜采用"四大块三条缝"扣膜法，即将薄膜（0.1 m长寿膜）焊接成6 m宽的顶膜两块，并收两头焊成直径5 cm粗的穿绳筒；焊2 m宽的侧膜两块，一头焊筒穿绳。薄膜长度为棚长加

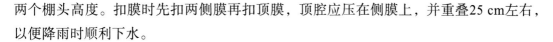

两个棚头高度。扣膜时先扣两侧膜再扣顶膜，顶腔应压在侧膜上，并重叠25 cm左右，以便降雨时顺利下水。

5. 棚门立柱横木

在大棚两头或一头安装棚门，以使进出操作方便和流通空气。安装棚门时，先将门框固定在中柱间的过木上，过木为2.5 m长的木杆，按门高（2 m左右）固定在中柱上下门楣的位置，再在其中安装门板即可。如要建造竹木式中棚，只要按上述大棚建造要求比例缩小其长、宽即可。竹木结构大棚易于建造，可就地取材，投资小、见效快，易于推广使用。但由于竹木易腐朽，使用寿命只有3～5年，其结构不够坚固，抗风雪能力差；立杆多、荫蔽大，操作不便，不适宜机械化作业。

（二）竹木钢筋混合式大棚的建造

木钢筋混合式大棚，即是用水泥柱、钢筋梁、竹木拱加塑料薄膜覆盖的一种大棚。它由竹木结构式大棚发展而来，所以在建造方法上与竹木结构式大棚很相似。该棚比竹木大棚坚固，抗风雪能力强，棚面弧度角略大于竹木大棚，进光量大，升温快，通风条件好，覆盖面积大。棚宽12～16 m，长40～45 m，南北向，棚高2.2～2.5 m，棚两侧弧度角肩部25°左右，顶部100°～150°，底角弧度大于60°。此结构的主要部件及其规格和作用如下。

1. 主柱

全部为内含钢筋的水泥预制柱。柱体断面为10 cm×5 cm，顶端制成凹形，以便承担拱杆。每排横向立杆6根，呈对称排列；两对中柱距离2 m，中柱至腰柱2.2 m，腰柱至边柱2.2 m，边柱至棚边0.6 m，总宽12 m，中柱高2.6 m，腰柱高2.2 m，边柱高1.7 m，均埋入土中0.4 m。南北向每3 m一排立柱。

2. 钢筋梁

为单片花梁，是纵向连接立柱、支撑拱杆、加固棚体骨架的主要横梁。单片花梁顶部用直径8 mm圆钢、下部及中间小拉杆用直径6 mm圆钢焊成，梁宽20 cm。小拉杆焊成直角三角形，梁上部每隔1 m焊接1个用8 mm圆钢弯成的马鞍形拱杆支架，高15 cm。

3. 拱杆

用直径5 cm的鸭蛋竹制成。

4. 压膜杆、棚门及薄膜覆盖

方法均与竹木结构大棚相同。

三、保护棚栽培模式的主要技术措施

（一）培养基的配制

参照"林果园栽培模式"，但建堆发酵可在大棚内进行，以利于铺料播种，可省工节时。

（二）生产季节安排

春夏种植，一般播种期以2月下旬或3月上中旬为宜，5—7月出菇；秋冬种植，宜在10月下旬或11月中旬播种。出菇高峰期正值元旦春节之际，菇市行情较好，可获得较高的经济效益。在保护棚内栽培大球盖菇，只要销售渠道畅通，一年四季均可种植。

（三）铺料播种

参照"林果园立体栽培"模式播种要求进行。

（四）菇菜套种

可利用培养基建堆发酵过程中的棚内时空差，在空地栽培生育期较短（30 d左右可收获）的蔬菜，可调节棚内空气，达到菇菜双丰收。

（五）调节棚内有害气体，确保菇类正常生长

大棚内由于较密闭，容易产生有害气体，如培养料的分解、菇体的呼吸代谢、使用农药化肥等，常易产生氨气和硝酸铵等气体；CO_2浓度也会升高。冬季气温低时，若在棚内烧煤柴升温，就会产生一氧化碳和亚硫酸等气体。当这些气体达到一定浓度，就会对菇类子实体的形成、产量和品质产生不良影响。因此必须注意控制这些气体的产生并及时加以排放。其方法有：不要施用未腐熟的有机肥，使用化肥时要及时覆土；冬天升温时不要直接在棚内进行，炉灶应设在棚外，通过管道或地沟等将热气送进棚内；及时打开门窗或棚中的通风换气孔，以利通风换气。

第五节　纯稻草露地畦栽模式

采用纯稻草生料露地畦栽大球盖菇，可获得每平方米产鲜菇25～30 kg的好收成。有关栽培技术如下。

一、季节安排

大球盖菇的栽培季节，应根据其菇的菌丝生长和子实体形成及生长发育所需的温度来确定。一般来说，南方地区可在8月底9月初至翌年3月中下旬进行秋、春两季播种栽培。北方地区春栽可适当推迟几个月，秋栽可适当提前30 d左右。总之，要根据当地气候特点和大球盖菇的生长特性，因地制宜，灵活掌握。

二、场地选择

选用交通便利、排灌方便、土质肥沃的冬闲田或菜园地作栽培场地，这种场地方便运输，有利高产。

三、稻草处理

选用新鲜、足干、金黄、无霉变、质地较坚强的中稻或晚稻草作原料，将稻草先在阳光下暴晒1～2 d，以减少病虫害基数。再将其置于水池或河塘水中浸泡2 d（早稻草浸泡时间可缩短为10多个小时），使稻草吸饱水分、质地变软，以利菌丝定植萌发和吃料。也可将稻草堆在地上，用水管喷水或挑水泼浇，并经常翻动草料，边喷水边踩草，使稻草均匀地吸水变软，含水量达70%～75%。然后将湿稻草堆成宽2 m、高1.5 m，长度不限的草堆进行自然发酵，每隔3 d翻堆1次，共翻堆2次。最后散堆降温播种。堆制培养料的地方最好选在栽培场地附近，以便于运输。

四、铺料播种

当堆料温度降至30 ℃以下时，即可铺料播种。可采用扎把式堆料和畦床式铺料的方法。扎把式堆料即将发酵后的稻草扎成约2 kg的草把，堆放在已消毒的畦床上，每堆宽、长各1 m左右，高25～30 cm，堆草把三层，播菌种两层，整个草堆堆成锑形。平畦式铺料即将发酵料平铺于畦床上，一层料一层菌种，第一、二层料各厚约10 cm，最后一层料约5 cm。每平方米用干料20～25 kg。播种方法：将菌种均匀地撒在每两层草料之间。播种量为15%～20%（按干料计），或每平方米用木屑种2～3瓶，麦谷粒种0.5～2.0瓶。每播一层种，均要轻轻将草料与菌种压平，以利菌种萌发、定植发菌。播完种后随即在料面及四周覆1 cm厚的腐殖质土作为水分保护层，并覆膜保温保湿防雨，以利发菌。

五、诱导出菇

大球盖菇播种后的管理，主要是控温、保湿、覆土及通风换气。在正常气温下，播种后5~6 d菌丝便开始吃料，经过20 d左右，菌丝即可长透料层。此时应在料面上加盖3~4 cm厚的覆土。覆土材料要求含腐殖质高、偏酸性，呈颗粒状。覆土可采用栽培场地现有的壤土，也可采用外来的"客土"（如菜园土或花园土）。不论何地的土壤，使用前均需打碎、暴晒或拌入适量石灰粉、谷壳及多菌灵等进行消毒。覆土后要适量喷水，使土壤含水量在30%左右。覆土后3~4 d，菌丝即可爬上土面。当菌丝布满土面层时要停止喷水，使畦面土壤偏干，迫使菌丝从营养生长阶段转入生殖出菇阶段，待畦面菌丝倒伏后再喷水，使空气湿度提高到85%~90%，促使原基分化。

六、出菇管理

在正常情况下，一般覆土后10~15 d，土层表面即可出现白色菇蕾，此时应于早晚向畦床喷雾化水，维持空气湿度90%~95%。因为大球盖菇菇体较大，需水量较高，喷水量要比其他菇类略多。因此在出菇期间的水分管理显得特别重要，要坚持勤喷轻喷、菇多多喷、菇少少喷、晴天重喷、阴天轻喷、雨天少喷或不喷的原则。每天揭膜通风换气1~2次，每次30 min左右。低温时要盖严薄膜或加厚覆盖物（如草帘、旧麻袋等）保温；高温期（超过30 ℃）要采取通风、喷井水等降温措施。出菇时，平畦式的要用竹片或树枝等拱膜遮阳，以利于出菇。

七、采收

大球盖菇从现蕾到采收，高温期仅5~8 d，低温期为10~14 d。在菌膜刚破裂、菌盖内卷、未开伞时及时采收。采收方法如前所述。采收的鲜菇出去带土的菇脚即可上市销售。也可按外贸出口要求进行盐渍、干制或制罐。

第六节　适宜贵州发展的栽培模式

一、栽培模式

（一）间作栽培模式

大球盖菇可与辣椒、玉米等作物进行间作，充分利用其他间作作物的行间种植大球盖菇。

（二）套作栽培模式

大球盖菇可与佛手瓜、丝瓜、葡萄等藤蔓作物进行套种栽培，充分利用藤蔓作物的荫蔽度，提高土地利用率。

（三）轮作栽培模式

大球盖菇可与水稻等粮食作物、油菜等油料作物进行轮作，利用大田闲时空间种植大球盖菇，既能提高土地单位产值，又能通过大球盖菇种后的菌渣还田调节土壤肥力，改善土壤结构。

二、夏季林下（架下）栽培模式

大球盖菇（赤松茸）：亩用秸秆（谷壳、玉米秆、水稻秆、薏仁米秆、巨菌草秆、蔗糖糖渣、竹屑竹粉、木屑等）5 t（单独使用或随意混合均可）；亩用大球盖菇（赤松茸）菌包400~600个；石灰25 kg；稻草300 kg覆盖；佛手瓜架下覆土栽培。

根据贵州气候及海拔高度，贵州黔南黔西南等地（海拔1 000 m以下）在每年10月种植，12月至2月收获；在贵州中西部海拔1 200~2 000 mm，分别依次在5—8月种植，出菇期可在6—10月，与全国大出菇期（3月初至5月底）错峰出菇和销售，达到最大经济效益。

主要采用仿野生露地栽培模式，可进行生料栽培和熟料栽培，直接覆土。种植大球盖菇（赤松茸）可以实现全年出菇和错峰出菇（全国出菇期在3月初至5月底），大球盖菇（赤松茸）产量1 700 kg/亩，错季错峰出菇，大球盖菇（赤松茸）价格是大出菇期的3~5倍，亩效益最高可达3万元。

（一）栽培场地选择及整理

应尽量选择水源条件好，土壤有机质丰富、团粒结构好的地块。对土地进行翻土平整，浇一次透水，撒点石灰。

（二）栽培基质及处理

1. 栽培基质

采用以上秸秆等农业废弃物为培养料，适当粉碎至长度5 cm左右，接种前浸泡1~3 d，沥水12~24 h，让其含水量达65%~70%，待用。或采用喷淋法，边喷水边用铲子将培养料翻转混合（翻堆），间隔3~4 h，重复喷水翻堆4~5次，直到培养料完全湿透。判断栽培料的含水量，手抓取一把栽培料，使劲挤压，能挤出不连续的水滴，则其含水量在65%左右；如挤出连续的水线，则含水量过高，需要继续沥水；如不能挤出水滴，则含水量过低，应该补充水分。

2. 翻堆

一般建堆后每天观察堆温情况并记录，在堆温达到最高温度后维持3 d后开始第一次翻堆。可在建堆的一端将外层栽培料翻入堆前空地，再将内部高温区栽培料翻到新堆表层。如培养料含水量较少，可适当补水。接下来继续建堆、打孔、记录温度，达到最高温度后维持3 d再次翻堆。一般翻堆2~3次培养料可完全发酵好，发酵时间受温度影响较大，一般需20 d左右。

3. 制作菌床和播种

在平整好的土地上按40 cm走道、90~100 cm畦面划线，将走道上的土翻到畦面上，修整成中间略高的龟背型；也可按60 cm畦底宽，堆料20~30 cm高后，畦面宽40 cm，与地面呈梯形，放菌种，然后在堆料呈拱背型；最后覆土。

将培养料平铺畦上（略窄于畦面），厚度1~5 cm；菌种自袋中取出后用手掰成鸽子蛋大小，均匀播入菌种；然后再铺一层培养料，厚度10 cm，均匀播入菌种；最后再盖一层培养料，厚度5 cm。菌床做好后可以直接覆土，取走道上的土壤均匀覆盖到菌床上，厚度3 cm，完成后走道约低于菌床底部10 cm左右，自然形成排水沟。如不直接覆土，可在菌床上覆盖稻草、麻布片或无纺布，待菌丝长满至2/3或全部长满后在覆土。根据我们的实践经验，采用直接覆土法，有利于抑制杂菌生长，简化栽培管理。栽培料生料用量7.5 kg/m²（3 000 kg/亩），熟料用量10 kg/m²（4 000 kg/亩）；菌种用量一般按500~750 g/m²播种，气温较高时应相应增大菌种量，通过竞争抑制杂菌生长。操作过程应讲究卫生，采用佩戴手套，高锰酸钾水浸泡器具等措施，注意避免杂菌污染。

将水稻秸秆均匀地覆盖到菌床上，以刚刚看不到土为宜，不要太厚。完成后可向畦面上喷施一次高效低毒低残留杀虫剂。

4. 管理

建堆播种后应注意观察堆温，要求堆温在20~30 ℃，最好控制在25 ℃左右，这样菌丝生长快且健壮。如果堆温过高，畦面中部打孔，加强遮阴、喷雾等方式降温。

播种后根据天气情况适当往覆盖物上喷施少量水。20 d后，定期观察培养料情况，大雨时要注意排涝，水分不足时可适当浇水，平时注意向畦面喷雾保湿。

一般栽培30 d左右，菌丝就能长满栽培料，1~2周后菌丝长出覆土即可出菇，保湿加强通风透气。保持80%~95%，不能随意加药、加肥或不明物。

出菇期菇体虽需求光照较多，但子实体生长期间需要50%~80%遮阴，如光照过强，菇体生长后期颜色发白，并对菌床菌丝有一定的杀伤力，大田种植时应注意遮光。

（三）常见病虫害及防治方法

目前贵州省种植中尚无病害报道，虫害方面有少量蛞蝓（鼻涕虫）为害的反应，可采用容器施放四聚乙醛诱杀，不建议直接抛洒药物，以免造成环境污染，影响蘑菇品质。

总体而言，大球盖菇种植周期短，在前期灭菌杀虫，后期病虫害少，"两网（防虫网、遮阳网）一板（黄板或蓝板）一灯（杀虫灯）"措施，则可有效控制，无须农药，增加质量安全性。

（四）采收及上市

1. 采收标准

当子实体菌盖呈钟形，菌幕尚未破裂时，及时采收。根据成熟程度、市场需求及时采收。子实体从现蕾到成熟高温期仅5~8 d，低温期适当延长。

2. 采收方法

采收时用手指抓住菇脚轻轻扭转一下，松动后再用另一只手压住基物向上拔起，切勿带动周围小菇。采收后在菌床上留下的洞穴要用土填满。除去菇脚所带泥土即可上市鲜销，分级包装。盛装器具应清洁卫生，避免二次污染。产品质量应符合国家有关规定。可直接鲜品销售，或制成盐渍品、干品进行销售。

3. 转潮管理

一潮菇采收结束后，清理床面，补平覆土，停水养菌3~5 d，喷透以增湿催蕾。发现原料中心偏干时，要采用两垄间多灌水，让两垄间水浸入料垄中心或采取料垄扎孔洞的方法，让水尽早浸入垄料中部，使偏干的中心料在适量水分作用下加速菌丝的繁生，形成大量菌丝束，满足下茬菇对营养的需求。但也不能过量大水长时间浸泡或一律重水喷灌，避免大水淹死菌丝体，使基质腐烂退菌。再按前述出菇期方法管理。

第七节 贵州区域大球盖菇种植实例介绍

一、南亚热带区域（贵州高温区）冬季种植实例

（一）种植地点

贵州省黔西南州望谟县新屯街道牛角村。

（二）海拔

1 200～1 300 m。

（三）经纬度

东经：106.16°；北纬：25.21°。

（四）栽培环境

针叶林、阔叶林下（图7-1）。

图7-1 种植环境

（五）种植时间及规模

2020年11月上旬种植，面积50亩。

（六）栽培料

薏苡秆、竹屑、稻壳。

（七）栽培方法

起垄高厢栽培，厢面宽120 cm，沟30 cm，厢面松针覆盖。

（八）管理措施

种植后未遇极端天气，没有采取特别措施，处于自然生长状态。

（九）种植效果

2021年2月下旬初次采收，经专家现场测产（图7-2），亩产量达2 100 kg，根据市场价8元/kg计算，亩产值16 800元。

图7-2　专家测产

（十）经验总结

按照气候带划分，望谟县属南亚热带，是贵州省高温区的范围，年平均气温可达18 ℃以上。种植试验地点虽然海拔较高，但受整体气候影响，出菇期还是早于省内其他热量条件较弱的区域，适宜发展秋冬大球盖菇生产。为提早出菇时间，种植地点还可选择下移，种植时间还可提早。

二、中亚热带区域（贵州中温区）秋季种植实例

（一）种植地点

贵州省黔南州惠水县好花红镇弄苑村。

（二）海拔

1 135 m。

（三）经纬度

东经：106.64°；北纬：25.99°。

（四）栽培环境

佛手瓜架下（图7-3）。

图7-3　种植环境

（五）种植时间及规模

2019年9月上旬种植，面积5亩。

（六）栽培料

稻壳。

（七）栽培方法

生料起垄高厢栽培，厢面宽80 cm，沟30 cm，厢面稻草覆盖。

（八）管理措施

种植后未遇极端天气，没有采取特别措施，处于自然生长状态。

（九）种植效果

2019年10月中下旬初次采收（图7-4），经专家现场测产亩产量达1 459.45 kg，根据市场批发价12元/kg计算，亩产值17 513.4元。

（十）经验总结

按照气候带划分，惠水县属中亚热带，是贵州省中温区的范围，年平均温可达15～18 ℃。种植试验地点属中海拔，但因有佛手瓜架作保护，在秋季温度较高期间其瓜架下还能保持较低温度，因此在秋季提前种植情况下45 d左右能出菇，适宜发展保护地下秋季反季节大球盖菇生产，种植时间不宜再提前。

图7-4　采收

三、北亚热带区域（贵州凉区）秋季种植实例

（一）种植地点

贵州省六盘水市水城区杨梅乡慕尼克村。

（二）海拔

1 851 m。

（三）经纬度

东经：104.84°；北纬：26.29°。

（四）栽培环境

针叶林、阔叶林下（图7-5）。

图7-5　种植环境

（五）种植时间及规模

2020年6月中旬种植，面积20亩。

（六）栽培料

玉米芯。

（七）栽培方法

生料起垄高厢栽培，厢面宽80 cm，沟30 cm，厢面稻草覆盖。

（八）管理措施

种植后未遇极端天气，没有采取特别措施，处于自然生长状态。

（九）种植效果

2020年7月下旬初次采收，初步测算亩产量可达1 100 kg左右，根据市场批发价20元/kg计算，亩产值22 000元。出菇状况如图7-6所示。

图7-6　出菇状况

（十）经验总结

按照气候带划分，水城区属北亚热带，是贵州省凉区的范围，因纬度靠北，加之海拔较高，年平均温在12～14 ℃。种植试验地点属中高海拔，处于林下，在夏季仍能保持较低温度，因此在秋季提前种植情况下45 d左右能出菇，适宜发展林下夏、秋季反季节大球盖菇生产。

四、暖温带区域（贵州寒区）初夏季种植实例

（一）种植地点

贵州省六盘水市钟山区大湾镇海嘎村。

（二）海拔

2 343 m。

（三）经纬度

东经：104.67°；北纬：26.83°。

（四）栽培环境

露地栽培。

（五）种植时间及规模

2017年4月下旬种植，面积20亩。

（六）栽培料

玉米芯、玉米秸秆。

（七）栽培方法

生料起垄高厢栽培，厢面宽100 cm，沟30 cm，厢面茅草覆盖。

（八）管理措施

未管理，处于自然生长状态。

（九）种植效果

2017年6月初初次采收，因种植期内没有有效降雨，配套供水欠缺，导致产量不高，未进行测产。出菇状况如图7-7所示。

图7-7　出菇状况

（十）经验总结

按照气候带划分钟山区大湾镇属暖温带，是贵州省最高峰（小韭菜坪，海拔2 900.6 m）下典型寒区的范围，因海拔高，年平均温在10 ℃左右，最热月几乎不超过20 ℃。种植试验地点属中高海拔，处于露地，在夏季还能保持较低温度，因此在夏季种植45 d左右能出菇，露地、林下皆适宜发展夏秋季反季节大球盖菇生产，但因当地降水量较少需配套供水系统，加强田间的水分管理。

第八章

大球盖菇的加工

第一节 大球盖菇储藏保鲜

鲜大球盖菇含水量比较高且其呼吸作用强于部分食用菌，室温下放置2~3 d便会发生开伞、色变，菇盖膜自溶等现象，相较于其他菇类来说更不易保存。因此，采收的鲜菇需及时处理。

一、鲜菇分级

对采收的大球盖菇进行分级是采后处理的第一步，做好分级工作为下一步的鲜销和加工才能有的放矢地进行。

分级主要从大球盖菇的长度、菌盖的大小及色泽等外观指标进行分级。现目前国家没有制定统一的分级标准，主要为收购商按照行业和市场情况制定相应的分级标准。图8-1为待分拣混装品，以广州科博农业技术研究院的分级标准为例，其分级要求如下。

图8-1　待分拣混装品

（一）鲜品选货的规格及分级标准要求

1. 高度

5～7 cm（菇柄基部到菇盖基部）。

2. 粗度

（菇柄中部粗度）如图8-2所示，分为3级：A货（一级菇）在3.0 cm以上；B货（二级菇）在2.5 cm以上；C货（三级菇）在2.0 cm以上。

图8-2　分级分拣

（二）鲜品基本要求

1. 外观品相

菇柄白净，整菇以干净、整齐、美观为佳，色泽均匀。菇体无霉变、病斑、畸形、虫口、污迹等影响品相的现象。

2. 菇体品质

子实体完整，且干爽硬硕，无破碎、爆皮、开裂等破损现象，手轻捏菇秆不开裂，不出现空心菇、开伞菇。

3. 菇柄基部

以沾黏泥土最少为佳，在采摘时需刻意去掉菇柄基部沾黏泥土。若菇柄基部带泥土过多则打冷后在二次分拣（或装箱）时以手抖动使其结块泥土尽量脱落至最少。

4. 装箱的基本要求

①以菇体头对头、尾对尾的方式摆放整齐，同一箱中务必做到大小、长短基本一

致，或以其规律性摆放整齐。

②摆放一层菇后，必须以专用无纺布或A4纸隔离后再摆放第二层。

③禁止在同一箱中将A、B、C货混装（或将大小、长短不一致混装）。

5. 发货装箱的重量要求

以每个泡沫箱装鲜品菇净重500 g为准。若抽验重量不足500 g则以最低重量的单箱计算该批次所有箱的重量。

6. 验货的基本要求

以菇体茎秆白、粗、短、直、硬为基本标准，验收查看箱内无杂屑、无土粒散落、无杂草松毛。

二、储藏保鲜

大球盖菇的保鲜工艺多采用低温保鲜或涂膜保鲜。由于大球盖菇保鲜工艺的匮乏，绝大多数经粗加工后供国外出口，极少部分在国内市场上鲜销。随着大球盖菇需求量逐年递增和食用菌精深加工技术开展，关于大球盖菇保鲜技术的研究值得深入。有研究表明将大球盖菇在常温下经0.8%的柠檬酸溶液护色10 min，大球盖菇的保鲜期可长达6 d，长于对照组3~4 d。陈婵等发现100倍EM益生菌稀释液对大球盖菇的保鲜效果显著优于0.1%EDTA-2Na、0.5%柠檬酸、0.5%氯化钠和0.5%抗坏血酸溶液，甚至优于0.3%焦亚硫酸钠，可有效抑制大球盖菇褐变和呼吸作用，减少失重率，延长2 d保鲜期。陈思发现采用魔芋葡甘聚糖与淀粉1∶1用量，大豆分离蛋白用量为30%，甘油用量为10%，成膜浓度0.6%，调节pH值为4时，大球盖菇失重率和细胞膜透性最低，为10.3%，阻隔性最强，保鲜效果最好。倪淑君等采用真空预冷机可使刚采摘的鲜大球盖菇在20 min内菇体均匀降温到4 ℃，有效治愈菇体表面损伤，使货架期延长一倍多。

（一）低温储藏

通过低温来抑制鲜菇的新陈代谢及腐败微生物的活动，在一定时间内保持产品的鲜度、颜色、风味不变。

1. 人工冷藏

利用自然和人工制冷来降低温度，以达到冷藏保鲜的目的。

（1）短期休眠保藏

将新采集的鲜菇置于0 ℃的环境24 h使其菌体组织进入休眠状态，一般在20 ℃以下储藏运输可以保鲜4~5 d。

（2）简易包装降温储藏

用聚乙烯塑膜袋将鲜菇分装，每袋内放入适量干冰并封口，1 ℃以下可以存放

15~18 d，在6 ℃以下也可存放13~14 d，要求储藏温度稳定，忽高忽低会影响储藏效果。

（3）块冰制冷运输保鲜

保鲜盒分3个格子，中间放用聚乙烯薄膜包装的鲜菇，上下是用塑料袋包装的冰块，定时更换冰块，以利于安全运输。

2. 机械低温储藏

鲜菇清洁干净→分级→放入0.01%浓度焦亚硫酸钠水溶液中浸泡漂洗3~5 min→捞出放入冰水中预冷处理至菇体温度0~3 ℃→捞出沥干水装筐→入0~3 ℃冷库，空气湿度控制在90%~95%，经常通风，CO_2浓度低于0.3%，保鲜8~10 d。

（二）保鲜方法

1. 气调保鲜

气调保鲜的原理是通过调节气体组分，以抑制生物体（菌菇类）的呼吸作用，来达到保鲜的目的。气调主要是调节氧气和CO_2的浓度，降低氧气浓度，增加CO_2浓度就可延长保鲜时间。当氧气浓度降到1%时，就能显著地抑制菇类的开伞，氧气浓度降到2%、CO_2浓度达到10%左右时，菇类在室温下可延长保鲜时间10~20 d。

气调保鲜分自然降氧法和人工降氧法。主要应用自然降氧法。

大球盖菇保鲜应用0.06 mm的聚乙烯保鲜袋，规格可装0.5 kg，室温下可保藏5~7 d；也可用纸塑袋，加入天然的去异味剂，5 ℃下可保藏10~15 d。用此种方法储藏5 d后，袋内氧气浓度由19.6%降至2.1%，CO_2浓度由1.2%升至13.1%。纸塑袋由于有吸水作用，避免了菇盖边缘和菌褶吸水软化和出现褐斑。日本报道：0.5 g活性炭+0.35 g吸水剂+0.15 g氯化钙充分混合装入透气性好的纸塑复合袋包装成小包，和100 g鲜大球盖菇放入密闭容器中，常温下可保藏5~7 d。

2. 辐射保鲜

用钴-60（^{60}Co）或者铯-137（^{137}Cs）为辐射源的γ射线照射菇类；也可用总辐射量100万拉德（1 000 kRAD，100万电子伏）以下的电子射线照射需要保鲜的菇体以达到保鲜的作用。原理是：射线通过菇体时会使菇体内的水分和其他物质发生电离作用产生游离基或者离子从而抑制菇体的新陈代谢过程起到延长保存时间的作用。具体办法如下：先将大球盖菇漂洗沥水装入多孔聚乙烯塑料袋中，用上述射线20万~30万电子伏（200~300 kRAD）试剂量照射后于10 ℃以下储藏，能明显抑制菇色变褐、破膜和开伞且水分蒸发少，失重率低。辐射后在16~18 ℃室温、65%相对湿度下可以保鲜储藏4~5 d，如温度更低保藏时间更长。

3. 化学保鲜

选对人畜无害的化学药品和植物激素处理菇类可以达到保鲜的目的。有此作用的化学物质有：氯化钠、焦亚硫酸钠、稀盐酸、高浓度的二氧化碳、矮壮素、吲哚乙酸、萘乙酸、比久（N-二甲胺基琥珀酸）等。

（1）焦亚硫酸钠喷洗保鲜

0.15%浓度焦亚硫酸钠→均匀喷洒菇体后→塑料袋包装→20 ℃左右可保鲜8 ~ 10 d。或者清洁分级后，用0.02%浓度的焦亚硫酸钠水溶液漂洗，3 ~ 5 min之后捞起，用0.05%浓度的焦亚硫酸钠水溶液浸泡15 ~ 20 min捞出沥干水，装入通气的塑料筐中10 ℃左右的温度下保鲜6 ~ 8 d。

（2）氯化钠和氯化钙溶液浸泡保鲜

0.2%氯化钠+0.1%氯化钙混合液浸泡菇体30 min后捞出，分装塑料袋，5 ~ 6 ℃下可保鲜10 d左右。

（3）比久（B9）保鲜

植物生长延缓剂浓度0.001% ~ 0.01%的水溶液浸泡10 min后，捞出沥干水后装入塑料袋中5 ~ 22 ℃下可保存8 d。

（4）麦饭石保鲜

鲜菇入塑料袋或者盒中浸没入麦饭石水中0 ℃以下低温储藏可保鲜70 d，氨基酸含量与鲜菇差别不大，色泽和口感均较好。

4. 真空预冷保鲜技术

真空预冷是实现蘑菇快速预冷的极好办法：将采摘下来的蘑菇产品放入真空预冷槽内，由真空泵抽去空气，随着槽内压力的不断下降，使蘑菇体水的沸点也随之降低，水分被不断蒸发出来，由于蒸发吸热，使蘑菇本身的温度快速降低，达到"从内向外"均匀冷却的效果。因为真空预冷可以快速均匀地除去采收带来的田间热，降低了食用菌的呼吸作用，从而显著延长保鲜期，提高保鲜质量。通过真空预冷控制鲜菇产品生理生化变化的各种因素，能使菇体生命活动处于下限状态，延长货架寿命。真空预冷属体积型冷却方式，整体冷却速率快，冷却均匀，受包装与堆码方式影响小。特别适用于食用菌、蔬菜、水果、花卉等的冷链保鲜预冷。优点如下。

①保鲜时间长，无须进冷库就可以直接运输，而且中短途运输可以不用保温车。②去除的水分仅占菇重的2% ~ 3%（一般温度每下降10 ℃，水分散失1%），故重量基本不减，且冷却时间极快，一般只需二十几分钟，不会产生局部干枯变形。③对食用菌原有的感官和品质（色、香、味和营养成分）保持得最好。④能抑制或杀灭细菌及微生物；具有"薄层干燥效应"——表面的一些小损伤能得到"医治"愈合或不会继续扩大。⑤运行成本低。⑥对环境无任何污染。⑦可以延长货架期，经真空预冷的食用菌，无须冷藏可以直接进高档次的超市。

第二节 大球盖菇加工

鲜大球盖菇不耐储藏的加工特性限制了其鲜销和异地运输，常对其采用干制、盐渍和制罐等加工工艺。

一、干制

干制作为菇类加工的常用手段。研究发现，干燥方式对食用菌的品质有很大影响。一个关于香菇的研究显示真空和微波真空干燥香菇的色度与鲜香菇最为接近；3种干制（热风、红外以及热风辅助间歇微波干燥）香菇柄的色度较鲜香菇柄有显著提高，且热风辅助间歇微波干燥的干燥速率最快，多糖保留率最高为24.028%，可有效保证产品风味品质；杨薇（2008）在对比蘑菇热风、微波真空和微波对流干燥的试验中发现热风干燥的蘑菇色泽最接近新鲜蘑菇；田龙（2008）研究了较高品质大球盖菇的冷冻干燥的最佳工艺为压力96 Pa，温度40 ℃，降温速率0.53 ℃/min，菇片厚度6 mm，获得的大球盖菇复水比最好，体积收缩率较小。朱铭亮（2009）建立了大球盖菇的微波真空干燥动力学模型，得到最优干燥工艺为微波功率1 kW，真空度为-90 kPa，装载量150 g，此时可较好保存SOD、维生素C和多糖等成分。柳丽萍等（2018）研究发现3种干制（自然风干、45 ℃烘干及冷冻干燥）大球盖菇粉中冻干样品外观色泽保存最好，多糖、粗脂肪和蛋白质含量均最高。大球盖菇干制真空包装见图8-3。

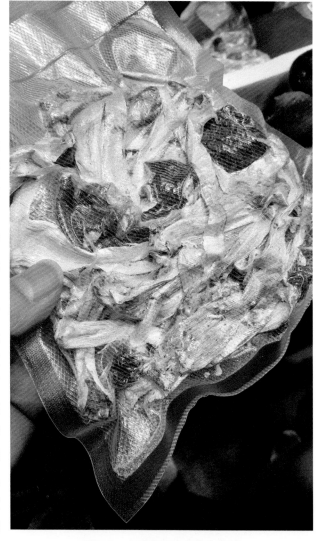

图8-3 大球盖菇干制真空包装

（一）晒干

强光下将菇体放筛网上，单层、1~2 h翻一次，1~2 d就可晒干，移入室内停1 d，让其返潮，然后再在强光下复晒1 d收起装入塑料袋密封即可。

（二）机械烘干

1. 分级装筛

干制的大球盖菇采收清洗并沥干水后，按菇体大小、成熟程度以及含水量程度筛选分级，有序摆放在烤筛上。烘烤前需先预热，将烘干机（房）预热至45~50 ℃，然后等温度下降至40 ℃左右，即可把鲜菇筛排放在烘房的烘筛层架上，大湿菇排放筛架中层，小湿菇，排放筛架顶层，开伞湿菇排放筛架底层。

2. 调温定型

晴天时，烘烤的起始温度为35~40 ℃；雨天时，烘烤的起始温度为30~35 ℃。菇体受热后，要打开全部窗口换气，以最大通风功率排出水蒸气，促使整朵菌褶片固定，直立定型。随后将温度下调至26 ℃，烘干保持4 h，以防菌褶片倒伏，损坏菇形，色泽变黑，大球盖菇商品性差。

3. 菇体脱水

菇体定形后开始升温，每隔1 h调高温度2~3 ℃，维持6~8 h，直至温度上升到51 ℃时，保持恒温，促使菇体内的水分大量蒸发。升温时要调节通风口，保证相对湿度达10%左右，以确保菌褶片直立和色泽固定。

4. 整体干燥

菇体脱水后，将51 ℃恒温缓慢升至60 ℃，保持7 h左右，当烘至八成干时应取出烘筛晾晒2~3 h后再上架烘烤，将换气窗全部关闭，烘制2 h，烘至用手轻折菇柄易断，并发出清脆响声时烘烤结束，一般9 kg鲜菇可加工成1 kg干菇。

（三）远红外线烘干

远红外线是一种穿透力很强的非可见光。常用碳化硅通电后产生3~9 μm波长的远红外线，其具有极强的加热烘干能力。用碳化硅做热源材料进行烘干的，称远红外线烘干法。规格：长3 m、宽2 m、高2 m烘房；正门有观察孔；烘房顶部和底部安装碳化硅片；顶部和墙壁做隔热保暖层；顶部和四周打若干通气孔。使用前也要预热温度30~40 ℃，将大球盖菇移入烘房，每隔1 h温度调高3~4 ℃，最后升至50~60 ℃，保持4 h，菇体内含水量降到30%时，停止通风，继续保持1~2 h，会使含水量降到12%左右，一次烘干到要求的含水量，速度快（一次烘成），干菇质量好，菇房投资大。

二、盐渍

盐渍大球盖菇主要利用食盐产生的高渗透压抑制微生物的生长，达到防腐保鲜的目的。吴少风等（2007）、姜慧燕等（2013）和韦秀文（2013）分别对大球盖菇的盐渍加工工艺进行了研究。

（一）采收

用于盐渍外销的大球盖菇的菇体应在六七成熟，即菌盖呈钟形，菌膜尚未破裂时采收，用竹片刮去菇脚泥沙，清洗干净。

（二）杀青

将清洗干净的大球盖菇的菇体放入5%食盐沸水中杀青煮沸8～12 min，具体煮制时间应视菇体大小而定，煮至菇体熟而不烂、菇体中心熟透为止。可采用"沉浮法"进行检测，即停火片刻，菇体下沉为熟，上浮为生；或将菇体置入冷水中，熟菇下沉，生菇上浮。煮制好后捞出，迅速放入冷水或流水中至冷透为止。杀青煮制用铝锅或不锈钢锅，切忌用铁锅，以免菇体色泽褐变影响品质。

（三）腌制

先配制40%饱和食盐水溶液，即称取精制食盐40 kg，溶解于100 kg开水中，冷却。然后将煮制冷却的大球盖菇从水中捞出，盛入洁净的大缸内，注入饱和盐水至淹没菇体，上压竹片重物，以防菇体露出盐水面变色腐败。压盖后表面撒1层面盐护色防腐，见面盐深化后再撒1层，如此反复至面盐不溶为止。

（四）转缸储存

大球盖菇在浓盐水中腌制10 d左右要转1次缸，重新注入饱和盐水，压盖、撒面盐至缸内盐水浓度稳定在24°Bé，即可装桶储存和外销。加工完毕后的食盐水可用加热蒸发的方法回收食盐，供循环使用。

装桶：专用聚乙烯塑料桶一般装50 kg菇体。装够重量后加入事先配制好的20%盐水，盐水中还要加入0.2%的柠檬酸，将盐水酸碱度调到pH值3.5以下，提高菇体抗腐能力。封桶之前在菇表面撒一些精盐，盖好桶盖，常温下可以储藏3～5个月。一般500 g蘑菇可以腌渍350 g。

（五）食用

盐渍加工的大球盖菇一般可保鲜3个月左右，食用时将菇体从盐水中捞出，放入清水中浸泡脱盐，即可烹调食用；也可将盐水菇放入1%柠檬酸液中浸泡7 min脱盐，捞起后用清水漂洗干净，烹调时可不放盐，以免增大咸度。

三、制罐

制罐是大球盖菇一种常见的加工方法，可以储藏1～2年。玻璃瓶内销，马口铁瓶外销。

（一）选料

选七八成熟的大球盖菇，清选分级：菌盖大于5 cm为一级；3～5 cm为二级；小于3 cm为三级。

（二）清洗

0.6%的淡盐水中清洗。

（三）杀青

杀青液为5%盐水，沸腾状态下煮菇体5～8 min就可以煮透；菇水比例为1∶1.5。

（四）冷却

煮透菇体捞出迅速放入冷水中翻动降温或者流动冷水降温更好。

（五）称重装罐

罐内装入500 g内装物：其中菇体275 g，汤重225 g，允许误差±3%。

（六）灌汤

100 kg水中加入2.5 kg精盐煮沸后加入50 g柠檬酸，将酸碱度调到pH值3.5以下，用4～5层纱布过滤即成。汤灌入罐中的温度要保持在90 ℃。

（七）加盖

将罐头盖上的橡胶圈在开水中煮1 h，消毒同时软化，有利密封。

（八）排气

罐加盖后移入排气箱，箱内温度保持在90 ℃以上，排气15 min，时间的计算应该从罐中心温度达到75 ℃以上开始算起。

（九）封口

排完气后的罐要立即从排气箱中取出，置于真空封口机上进行真空封口，封口同时能进一步排气。

（十）灭菌

封过口的罐立即置于灭菌柜中进行灭菌。常压灭菌：10 min达到100 ℃，维持20 min，停止加热保持20 min取出。高压灭菌：1 kg/cm²的压力下保持30 min即可达到灭菌效果。

（十一）冷却

灭完菌的罐立即从灭菌柜中取出，在空气中冷却到60 ℃后，浸入冷水中降到40 ℃，时间越短越好。

（十二）检查

冷却后从水中取出罐，擦净罐盖置于37 ℃温度下保持5～7 d，抽样检查，汤清澈、菇体完整、保持原菇的颜色为合格品，同时淘汰漏罐和胖罐。

（十三）包装

将合格的大球盖菇贴上标签，装箱入库或者销售。

四、副食品加工

大球盖菇中富含的糖分、蛋白质和牛磺酸等成分非常适合加工成调味品和饮品。杨悉雯以大球盖菇汁为原料制备了具有营养风味、保健养颜功效的大球盖菇醋和酱油。杨进等将大球盖菇在有酵母菌、嗜热链球菌、德氏乳杆菌的环境下分别发酵30～40 d，制得的大球盖菇酵素不仅具有清除DPPH自由基、超氧阴离子和修复亚健康的能力，还新增了丙酸、丁酸和γ-氨基丁酸等有机酸。有研究将大球盖菇液体菌种接入小麦粉培养基培养后连同培养基一起粉碎、干燥、炒制得到一种可被婴幼儿吸收的大球盖菇速食营养全麦粉，并申请了专利。此外还有大球盖菇食用菌风味豆渣食品、大球盖菇玉米营养粉和大球盖菇方便食品等新食品。

（一）大球盖菇冲剂

原料：干大球盖菇10 kg、糊精12 kg、复合鲜味剂、精盐。

①碎粒、浸提：干品大球盖菇片粉碎至细粒，不锈钢锅中加入10倍量的水，在35～40 ℃温度下浸提3 h后，压榨过滤；滤渣再加5倍量的水，40 ℃下再浸提3 h；压榨过滤，两次滤液混合一起。

②加糊精、干燥：在滤液中加入12 kg糊精，加热溶化，于60 ℃左右喷雾干燥。

③调配：在以上粉剂中加入复合鲜味剂、精盐。粉剂、复合鲜味剂、精盐三者重量比为100∶15∶4充分混合均匀即成。

（二）菇类酱油

1. 方法一

以菇类杀青水为原料。取大球盖菇杀青水50 kg、食盐300 g、胡椒80 g、五香粉47 g、八角120 g、桂皮250 g、老姜切碎340 g，用2～3层纱布包好于菇类杀青水中煮沸1.5 h，使杀青水入味上色，然后除去纱布包调料即成。在以上产品中趁热加入花椒油、苯甲酸钠、食用色素、柠檬酸等，搅拌均匀，调配其溶液盐浓度16～18°Bé，冷却后过滤，即可装罐封口。产品为棕褐色或者红褐色，鲜艳而有光泽，菇味浓厚。

2. 方法二

以加工过程中的废料菇柄、菇粉或者破碎菇为原料，先切成1 mm厚的菇条，烘干。将干菇用清水漂洗2～3次冲去污物、杂质。称取1 kg干品，加3倍量的净水，入铝锅中煮沸，提取30 min，用4层纱布过滤，滤液备用。取滤液3 kg，加入普通酱油50 g，食盐300 g加热搅拌均匀于90 ℃保温1 h，即成菇类酱油。

（三）菇酱

将加工过程中的大球盖菇下脚料清洁、烘干、粉碎，加入干菇重量60%～70%的蔗糖搅拌均匀，加水煮沸20～25 min成糊状，加入食盐、柠檬酸等，再加入明胶增加黏稠度，加强搅拌防止糊锅和焦糊。于菇酱中加入0.5%（体积比）苯甲酸钠，搅拌均匀趁热分装入经沸水煮过的带盖玻璃瓶中，加盖密封并于95～97 ℃下杀菌30 min，冷却后入库即为成品。

（四）其他

大球盖菇还可用于制菌油、韩式泡菜和休闲小食品等。

五、菜品开发

（一）大球盖菇品质特点及优势

1. 金牌口感菇

大球盖菇鲜品独特之处在于无论烹制什么样的美味佳肴，均能保持其细腻、嫩滑、脆爽、鲜甜、可口的特点，因此而让消费者爱上它。

2. 色艳味鲜菇

大球盖菇菇帽色艳、菇柄纯白，富含人体所需的多种营养成分，且无任何毒副作用。无论用蒸、煮、煎、炒、爆、熘、烧、焖、煨、煸、烤、炖、拌等中的哪种烹饪方法烹制出的大球盖菇菜肴，均能保持其细腻、嫩滑、脆爽、鲜甜、可口的特质。

3. 刺身鲜吃菇

大球盖菇采摘下即可生吃，可制作成刺身蘸芥末吃（或蒜蓉末），口感极佳，这是菇类（或菌类）少数几种可以生吃的菇。

4. 火锅首选菇

大球盖菇鲜品下火锅，既可水沸腾后抄水几秒立即蘸酱（或蘸芥末）吃，又可随火锅一起煮2~3 h再吃，依然保持细腻、嫩滑、脆爽、鲜甜、可口的口感特征不变。

5. 烧烤首选菇

大球盖菇做烧烤，依旧可保持细腻、嫩滑、脆爽、无渣、可口的特征，且不像金针菇那样塞牙，口感极佳。

6. 百搭食材菇

大球盖菇鲜品作为食材鲜美、雅香、回甘，口感绝佳可任意搭配食材烹饪美味佳肴。

7. 最劲道的菇

大球盖菇是梅菜扣肉与粉蒸肉等的最佳垫底食材，它不会因蒸煮而熔化，而且做垫底被蒸后依然能保持细腻、嫩滑、脆爽、鲜甜、可口的独特口感。

8. 干菇香味浓郁

干菇散发着郁金香般的淡雅郁香，是煲汤最佳选择，且可以与任意食材搭配制作美食。

9. 安全绿色有机菇

大球盖菇为草腐菇，从种植到出菇采摘的全程不使用任何化肥和农药，整体过程与环节绿色环保、纯生态，纯属人放天养、吸收天地之精华而生长出菇，无需人为管控即是绿色天然、安全有机，现大球盖菇已逐渐成为各大高档酒店抢点的明星高档美味食材。

（二）大球盖菇的营养价值

大球盖菇干菇蛋白质含量可高达30.0%以上，氨基酸总含量超过16.0%，有"素中之荤"的美称，且有很强的滋补功效。大球盖菇含有K、Na、Ca、P、Zn、Fe、Mn等多种矿质元素，富含活性多糖、黄酮、维生素以及膳食纤维等多种有益成分，具有抗肿瘤、降血糖、预防心血管疾病、增强免疫力等功效。经检测大球盖菇鲜菇中游离氨基酸总量达2.66 g/100 g，且富含多种人体必需氨基酸。其中含量靠前的必需氨基酸如下。

1. 谷氨酸（0.38 g/100 g）

在食品工业上常用于食品增鲜剂（如味精），我们食用味精的主要成分是谷氨酸钠。在医学上主用于治疗肝性昏迷，还用于促进儿童智力发育。

2. 蛋氨酸（0.25 g/100 g）

作为唯二种含硫人体必需氨基酸，参与组成血红蛋白，合成胆碱和肌酸，具有抗脂肪肝作用（如保肝制剂）。

3. 天冬氨酸（0.24 g/100 g）

在医药方面用于治疗心脏病、肝脏病、高血压症，具有抗疲劳的作用，氨基酸输液主要成分，用作氨解毒剂，肝功能促进剂，疲劳恢复剂。

4. 亮氨酸（0.21 g/100 g）

作为人体必需氨基酸，亮氨酸与异亮氨酸和缬氨酸一起合作修复肌肉，控制血糖—降血糖制剂，并为身体组织细胞提供能量；它还可促进生长激素的产生，并帮助燃烧内脏脂肪，而这些脂肪仅通过节食和锻炼是难以有效消减。

5. 丙氨酸（0.20 g/100 g）

在医药中具有减少酒精中毒减肥、增强记忆和学习能力等作用。

6. 赖氨酸（0.17 g/100 g）

赖氨酸可促进人体生长发育、益脑、增高；南方主食稻米中缺乏赖氨酸，大球盖菇可弥补稻米不足为人体健康提供足够的赖氨酸。

大球盖菇鲜菇主要营养成分含量详见表8-1。

表8-1　大球盖菇鲜菇主要营养成分含量检测结果　　　　　　单位：g/100 g

序号	检测项目	检测结果	检测方法
1	苯丙氨酸	0.13	
2	丙氨酸	0.20	
3	蛋氨酸	0.25	
4	脯氨酸	0.10	
5	甘氨酸	0.13	
6	谷氨酸	0.38	GB 5009.124—2016
7	精氨酸	0.11	
8	赖氨酸	0.17	
9	酪氨酸	0.090	
10	亮氨酸	0.21	
11	丝氨酸	0.15	

（续表）

序号	检测项目	检测结果	检测方法
12	苏氨酸	0.15	
13	天冬氨酸	0.24	
14	缬氨酸	0.15	GB 5009.124—2016
15	异亮氨酸	0.12	
16	组氨酸	0.073	
17	16种氨基酸总量	2.66	
18	蛋白质	3.78	GB 5009.5—2016第一法
19	脂肪	0.1	GB 5009.6—2016第二法
20	碳水化合物	1.8	GB 28050—2011
21	总膳食纤维	2.75	GB 5009.88—2014
22	粗多糖	0.44	NY/T 1676—2008

（三）推荐菜品

1. 大球盖菇火锅（图8-4）

主料：大球盖菇、土鸡、高汤锅底。

辅料：红枣（枸杞）、姜片。

做法：火锅。

图8-4 大球盖菇火锅

（来源：广州科博农业技术研究院）

2. 大球盖菇刺身（图8-5）

主料：大球盖菇、凉瓜。

辅料：芥辣、酱油。

做法：刺身。

图8-5　大球盖菇刺身

（来源：广州科博农业技术研究院）

3. 大球盖菇炒三彩丝（图8-6）

主料：大球盖菇、洋葱丝、韭菜花、肉丝。

辅料：蒜茸、姜片。

做法：炒。

图8-6　大球盖菇炒三彩丝

（来源：广州科博农业技术研究院）

4. 大球盖菇鲍鱼（图8-7）

主料：大球盖菇、鲍鱼。

辅料：沙姜粒。

做法：焗。

图8-7　大球盖菇鲍鱼

（来源：广州科博农业技术研究院）

5. 酥炸大球盖菇（图8-8）

主料：大球盖菇。

辅料：脆浆。

做法：炸。

图8-8　酥炸大球盖菇

（来源：广州科博农业技术研究院）

6. 黄油干煎大球盖菇（图8-9）

主料：大球盖菇。

辅料：牛油。

做法：煎。

图8-9　黄油干煎大球盖菇

（来源：广州科博农业技术研究院）

7. 大球盖菇水鸭汤（图8-10）

主料：大球盖菇、水鸭。

辅料：陈皮、姜片。

做法：炖汤。

图8-10　大球盖菇水鸭汤

（来源：广州科博农业技术研究院）

8.大球盖菇烩娃娃菜（图8-11）

主料：大球盖菇、娃娃菜。

辅料：火腿片。

做法：煮、烩。

图8-11　大球盖菇烩娃娃菜

（来源：广州科博农业技术研究院）

9. 大球盖菇烤串（图8-12）

主料：大球盖菇、五花肉。

辅料：尖椒、洋葱。

做法：烤。

图8-12 大球盖菇烤串

（来源：广州科博农业技术研究院）

10. 大球盖菇蒸水蛋（图8-13）

主料：大球盖菇、鸡蛋。

辅料：葱花。

做法：蒸。

图8-13 大球盖菇蒸水蛋

（来源：广州科博农业技术研究院）

11. 红油拌大球盖菇（图8-14）

主料：大球盖菇。

辅料：蒜茸、小米椒、辣椒油。

做法：凉拌。

图8-14　红油拌大球盖菇

（来源：广州科博农业技术研究院）

12. 大球盖菇蒸排骨（图8-15）

主料：大球盖菇、土猪排骨。

辅料：姜粒、葱花。

做法：蒸。

图8-15　大球盖菇蒸排骨

（来源：广州科博农业技术研究院）

13. 杂粮大球盖菇扣海参（图8-16）

主料：大球盖菇、海参。

辅料：荞麦、薏米、玉米粒。

做法：煮。

图8-16　杂粮大球盖菇扣海参

（来源：广州科博农业技术研究院）

14. 葱烧大球盖菇（图8-17）

主料：大球盖菇。

辅料：大葱、西兰花。

做法：干烧。

图8-17　葱烧大球盖菇

（来源：广州科博农业技术研究院）

参考文献

鲍蕊，2015. 大球盖菇高产栽培关键技术研究[D]. 杨凌：西北农林科技大学.

曹乐梅，2018. 大球盖菇林地优质高产栽培技术研究[D]. 泰安：山东农业大学.

陈婵，黄靖，彭宏，等，2017. 大球盖菇护色保鲜技术研究[J]. 农产品加工（3）：6-8，13.

陈启武，刘健，陈莎，等，2008. 鸡腿菇 姬松茸 大球盖菇生产全书[M]. 北京：中国农业出版社.

董贵发，王建宝，阮兆兰，等，2010. 不同条件栽培大球盖菇效果研究[J]. 三明农业科技（2）：117-120.

龚燕京，裘建荣，王立如，等，2015. 利用果树修剪枝梢培育大球盖菇的试验分析[J]. 农业技术与装备（4）：10-11.

郭文文，卓么草，葛青松，等，2018. 不同栽培料配方对大球盖菇生长及产量的影响[J]. 高原农业，2（3）：242-248.

郝福新，杨青，刘兴乐，等，2021. 不同栽培料配比对大球盖菇生长及产量的影响[J]. 湖北农业科学，60（19）：92-94.

何伯伟，2008. 食用菌标准化生产技术[M]. 杭州：浙江科学技术出版社.

何华奇，曹晖，潘迎捷，2004. 培养料含水量对大球盖菇菌丝生长的影响[J]. 安徽技术师范学院学报（2）：12-14.

胡思，2019. 大球盖菇菇粉的制备工艺研究及其产品开发[D]. 武汉：华中农业大学.

胡文华，2001. 大球盖菇的盐渍加工[J]. 现代农业（5）：30.

黄春燕，万鲁长，张柏松，等，2012. 大球盖菇菌丝生长适宜氮源研究[J]. 中国食用菌（6）：18-19.

黄坚雄，袁淑娜，潘剑，等，2018. 以橡胶木屑为主要基质栽培的大球盖菇与香菇、平菇的主要营养成分差异[J]. 热带作物学报，39（8）：1625-1629.

黄美仙，岑燕霞，孙朋，等，2021. 大球盖菇研究进展[J]. 黑龙江农业科学（12）：124-129.

黄年来，1995. 大球盖菇的分类地位和特征特性[J]. 食用菌（6）：11.

黄年来，林志彬，陈国良，等，2010. 中国食药用菌学（下篇）[M]. 上海：上海科学技术文献出版社.

霍捷，王卫平，滑帆，等，2020. 大球盖菇栽培模式研究进展与发展方向探讨[J]. 中国食用菌（2）：35-38.

江国祥，朱丹丹，孙晶，2021. 大球盖菇的腌渍与干制方法[J]. 特种经济动植物，24（4）：50-51，55.

姜慧，林辰壹，高攀，等，2020. 五种无机盐对大球盖菇菌丝生长的影响[J]. 北方园艺（14）：128-135.

姜慧燕，李峰，邹礼根，2013. 大球盖菇盐渍保藏及脱盐加工技术[J]. 杭州农业与科技（6）：44.

李恩菊，2019. 贵州地区野生食用菌资源可持续开发利用研究[J]. 中国食用菌，38（10）：5-8.

李萍，2008. 大球盖菇采后处理加工方法[J]. 农家致富（11）：46-47.

李淑荣，王丽，倪淑君，等，2017. 大球盖菇不同部位氨基酸含量测定及营养评价[J]. 食品研究与开发，38（8）：95-99.

李裕荣，陈之林，文林宏，等，2020. 贵州大球盖菇无公害栽培技术[J]. 农技服务，37（4）：52-54，56.

刘军鹏，2016. 油菜秸秆在大球盖菇栽培中的应用研究[D]. 武汉：华中农业大学.

刘胜贵，吕金海，刘卫今，1999. 大球盖菇生物学特性的研究[J]. 农业与技术（2）：19-22.

柳丽萍，钱文春，占鹏飞，等，2018. 不同基质和干燥方法对大球盖菇营养成分的影响[J]. 西南大学学报（自然科学版），40（2）：8-13.

孟庆国，侯俊，高霞，2021. 食用菌规模化栽培技术图解[M]. 北京：化学工业出版社.

明亮，曹隆枢，黄文华，2006. 灵芝栽培与应用[M]. 北京：中国农业出版社.

缪晓丹，徐丽红，郑敏，2021. 培养基配方和播种期对大球盖菇产量及品质的影响[J]. 浙江农业科学，62（8）：1548-1551.

倪淑君，张海峰，田碧洁，等，2016. 大球盖菇采收后的初加工处理技术[J]. 黑龙江农业科学（7）：158.

农业部农产品质量安全中心，2006. 无公害食品标准汇编（种植业卷上、下）[M]. 北京：中国标准出版社.

农业部微生物肥料和食用菌菌种质量监督检验测试中心，2006. 食用菌技术标准汇编[M]. 北京：中国标准出版社.

潘佰文，苏昌龙，顾艳梅，等，2019. 黄平县大球盖菇种植效果[J]. 农技服务，36（7）：35，38.

瞿飞，杨静，赵夏云，等，2021. 菌-菜轮作对土壤质量及蔬菜品质的影响[J]. 中国食用菌，40（11）：32-36.

沈业涛，2009. 食用菌[M]. 合肥：安徽大学出版社.

石燕，邓海平，刘贺贺，等，2019. 不同基质大球盖菇研究进展[J]. 黑龙江农业科学（12）：148-150.

史依沫，王丽，崔晓瑞，等，2020. 大球盖菇变温热风干燥工艺研究[J]. 黑龙江八一农垦大学学报，32（4）：53-58，101.

孙萌，2013. 大球盖菇菌丝培养及胞外酶活性变化规律研究[D]. 延吉：延边大学.

田龙，2008. 大球盖菇的冷冻干燥试验[J]. 食用菌，30（6）：50-52.

汪虹，陈辉，张津京，等，2018. 大球盖菇生物活性成分及药理作用研究进展[J]. 食用菌学报，25（4）：115-120.

王爱仙，2006. 大球盖菇菌种培养基配方对比试验[J]. 食用菌（6）：35.

王谦，张亚从，赵洁，2009. 外源激素对液体培养下大球盖菇菌丝生长影响[J]. 中国食用菌（5）：32-33.

王世东，2010. 食用菌（第2版）[M]. 北京：中国农业大学出版社.

韦秀文，2013-12-04. 一种大球盖菇盐渍加工方法：2012101628199[P].

我国大球盖菇产业发展情况调研报告[EB/OL]. http://www. jssyj. com/Article-2/01/13087. html，2019-10-06.

吴少风，陈秀琴，2007. 大球盖菇高产栽培及盐渍加工技术[J]. 北京农业（15）：18-20.

吴学谦，2005. 香菇生产全书[M]. 北京：中国农业出版社.

熊维全，曾先富，李昕竺，2021. 大球盖菇的栽培现状与发展建议[J]. 食用菌，43（5）：73-75.

熊小飞，向阳，黄震，等，2021. 不同基料配比及菌种位置对大球盖菇种植效果的影响[J]. 陕西林业科技，49（2）：50-52，55.

徐宝根，2007. 出口蔬菜农药残留控制实用手册[M]. 杭州：浙江科学技术出版社.

鄢庆祥，孙朋，杜同同，等，2018. 大球盖菇种植栽培与药用价值研究进展[J]. 北方园艺（6）：163-169.

闫林林，吴亮亮，郑光耀，等，2021. 五种原料配制培养料栽培大球盖菇比较试验[J]. 食用菌，43（5）：35-38，43.

闫培生，李桂舫，蒋家慧，等，2001. 大球盖菇菌丝生长的营养需求及环境条件[J]. 食用菌学报（1）：5-9.

颜淑婉，2002. 大球盖菇的生物学特性[J]. 福建农林大学学报（自然科学版）（3）：401-403.

杨琦智，赵青青，陈青君，等，2021. 日光温室不同配方和工艺栽培大球盖菇的农艺性状分析[J]. 中国农学通报，37（14）：59-65.

杨薇，欧又成，张付杰，等，2008. 蘑菇热风、微波对流和微波真空干燥的对比试验[J]. 农业机械学报，39（6）：102-104.

杨晓英，汪境仁，刘福昌，2002. 贵州自然条件与农业可持续发展[M]. 贵阳：贵州科技出版社.

杨新美，1988. 中国食用菌栽培学[M]. 北京：中国农业出版社.

叶建强，蓝桃菊，黄卓忠，等，2021. 大球盖菇鲜品各等级菇在栽培过程中的分布规律及经济效益分析[J]. 中国食用菌，40（11）：25-31.

于延申，王隆洋，王月，等，2018. 2018年吉林省珍稀食用菌栽培技术培训班大球盖菇专题培训教程（一）大球盖菇产业概况和发展前景[J]. 吉林蔬菜（1）：55-57.

于延申，王月，王隆洋，等，2018. 大球盖菇产品的贮藏、保鲜和加工[J]. 吉林蔬菜（5）：32-34.

俞志纯，1996. 皱环球盖菇人工栽培技术关键[J]. 食用菌（6）：29-30.

张琪林，王红，2002. 大球盖菇液体培养碳氮营养源研究[J]. 食用菌（1）：6.

曾佩玲，2003. 21世纪新农民文库 食用菌栽培彩色图解丛：书食用菌新秀大球盖菇[M]. 南宁：广西科学技术出版社.

张胜友，2010. 新法栽培大球盖菇[M]. 武汉：华中科技大学出版社.

张世敏，和晶亮，邱立友，等，2005. 不同碳氮营养源和培养温度对大球盖菇菌丝生长的影响[J]. 微生物学杂志（6）：32-34.

张巍，2017. 大球盖菇不同栽培模式的研究[J]. 农林经济技术（23）：37.

赵洁，2010. 大球盖菇优化栽培技术研究[D]. 保定：河北大学.

赵淑芳，崔慧，张燕，2021. 大球盖菇安全高效栽培技术规程[J]. 农业知识（21）：41-45.

赵燕鸿，2020. 美丽乡村视角下大球盖菇的栽培收益评价[J]. 中国食用菌，39（8）：231-233，236.

周小华，周祖法，2015. 农业实用技术丛书：黑木耳香菇大球盖菇[M]. 南昌：江西科学技术出版社.

周祖法，闫静，2014. 利用茭白叶栽培大球盖菇的配方筛选与菌株比较试验初报[J]. 浙江大学学报（农业与生命科学版）（3）：293-296.

朱铭亮，2009. 大球盖菇微波真空干燥工艺的研究[D]. 福州：福建农林大学.

朱元弟，张甫安，2006. 新编蘑菇高效栽培指南[M]. 北京：科学普及出版社.

Bruhn J N，Abright N，Mihail J D，2010. Forest farming of wine-cap Stropharia mushrooms[J]. Agroforestry Systems，79（2）：267-275.

Chang S T，Hages W A，1978. The biology and cultivation of edible mushroos[M]. US：ACADEMIC PRESS：795-809.

Domondon D L，He W，Kimpe N D，2000. β-Adenosine，a bioactive compound in grass chaff stimulating mushroom production[J]. Phytochemistry（65）：181-187.

附　录

贵州部分县市年平均气温及降水量

地区	县名	年均气温t（℃）	年降水量p（mm）
贵阳市	修文县	16.0	1 293.0
	息烽县	14.4	1 075.0
	开阳县	13.5	1 258.0
	花溪区	14.9	1 178.1
遵义市	正安县	16.1	1 076.0
	桐梓县	14.6	1 038.8
	播州区	14.7	1 200.0
	凤冈县	15.2	1 137.0
	余庆县	16.4	1 056.0
	湄潭县	15.0	1 141.3
	绥阳县	15.1	1 156.0
	习水县	13.1	1 420.0
	道真仡佬族苗族自治县	16.0	1 100.0
	务川仡佬族苗族自治县	15.6	1 284.4
六盘水市	钟山区	12.3	1 182.8
	盘州市	15.2	1 390.0
	六枝特区	15.6	1 476.4
	水城区	15.0	1 300.0

（续表）

地区	县名	年均气温t（℃）	年降水量p（mm）
安顺市	普定县	15.1	1 378.2
	平坝区	18.3	1 256.9
	关岭布依族苗族自治县	16.2	1 431.0
	镇宁布依族苗族自治县	16.2	1 277.0
	紫云苗族布依族自治县	15.3	1 337.0
毕节市	大方县	11.8	1 150.4
	黔西县	13.8	1 005.2
	金沙县	15.2	1 136.0
	织金县	14.1	1 436.0
	纳雍县	13.6	1 243.5
	赫章县	11.8	927.0
	威宁彝族回族苗族自治县	11.2	739.0
铜仁市	德江县	16.1	1 230.7
	思南县	17.8	1 154.3
	江口县	16.2	1 369.6
	石阡县	16.8	1 120.0
	松桃苗族自治县	16.3	1 047.0
	玉屏侗族自治县	13.4	1 400.0
	印江土家族苗族自治县	16.8	1 100.0
	沿河土家族自治县	15.5	1 125.0
黔南布依族苗族自治州	瓮安县	13.6	1 148.0
	贵定县	15.0	1 143.0
	惠水县	16.3	1 154.0
	长顺县	16.0	1 325.0
	独山县	17.2	1 346.0
	荔波县	18.3	1 320.0
	平塘县	17.0	1 259.0
	罗甸县	20.0	1 335.0

（续表）

地区	县名	年均气温t（℃）	年降水量p（mm）
黔南布依族苗族自治州	龙里县	14.8	1 100.0
	三都水族自治县	18.0	1 349.5
黔西南布依族苗族自治州	普安县	14.0	1 328.0
	晴隆县	14.0	1 588.0
	贞丰县	17.0	1 375.0
	册亨县	19.7	1 035.0
	望谟县	19.0	1 222.5
	安龙县	15.6	1 356.1
	兴仁县	15.2	1 315.3
黔东南苗族侗族自治州	雷山县	14.5	1 375.0
	黎平县	16.0	1 325.9
	施秉县	15.0	1 130.0
	麻江县	14.2	1 350.0
	锦屏县	16.4	1 325.0
	台江县	16.5	1 801.7
	剑河县	17.7	1 220.0
	三穗县	14.9	1 147.0
	黄平县	14.5	1 307.9
	从江县	18.4	1 195.0
	镇远县	16.4	1 093.3
	天柱县	16.1	1 498.0
	榕江县	18.1	1 200.0
	岑巩县	15.0	1 200.0
	丹寨县	14.9	1 384.0

食用菌生产中消毒剂的配制及使用方法

（来源：张胜友，2010）

名称及浓度	配制方法	使用范围	注意事项
75%酒精溶液	95%酒精75 mL 加蒸馏水20 mL	手及物体表面擦拭消毒	易燃，防着火
5%甲醛溶液	40%甲醛溶液12.5 mL 加蒸馏水87.5 mL	空间熏蒸及物体表面消毒	有刺激性，注意保护皮肤及眼睛
0.1%升汞溶液	升汞0.1 g浓盐酸0.2 mL 加蒸馏水1 000 mL	菇体及器皿表面消毒	有剧毒，注意安全
2%来苏尔溶液	5%来苏尔溶液40 mL 加蒸馏水960 mL	手及物体表面消毒	配制时勿使用高硬度水
0.25%新洁尔灭溶液	5%新洁尔灭溶液50 mL 加蒸馏水950 mL	皮肤及不耐热器皿表面消毒	忌与肥皂等同用
0.1%高锰酸钾溶液	高锰酸钾1 g 加清水1 000 mL	用品及器具表面消毒	随用随配，不宜久放
0.5%石炭酸溶液	石炭酸5 g 加蒸馏水或凉开水 95 mL	空间及物体表面消毒	防止腐蚀皮肤
0.2%过氧乙酸溶液	20%过氧乙酸溶液5 mL 加蒸馏水98 mL	表面消毒	勿与碱性药品混用，对金属有腐蚀作用
0.5%过氧乙酸溶液	20%过氧乙酸溶液5 mL 加蒸馏水95 mL	空间消毒，20%药液5 mL/m³ 熏蒸	勿与碱性药品混用，对金属有腐蚀作用
5%漂白粉溶液	漂白粉50 g 加清水950 mL	喷洒、浸泡与擦拭消毒	有腐蚀作用，注意保护皮肤及眼睛
硫黄	研成粉末，拌以锯末或枝条	密闭熏蒸15 g/m³	先对墙壁地面预湿；防止锈蚀金属器具
0.5%～1%硫酸铜水溶液	硫酸铜5～10 g 加水100 kg	喷雾杀菌	

注：无蒸馏水时可使用凉开水。

GB/T 12728—2006食用菌术语

Terms of edible mushroom

1 范围

本标准规定了食用菌形态结构、生理生态、遗传育种、菌种生产、栽培、病虫害和保藏加工等方面有关的中英文术语。

本标准适用于食用菌的科研、教学、生产和加工。

2 术语及定义

2.1 基本术语

2.1.1 真菌fungus

一类营异养生活，不进行光合作用；具有真核细胞；营养体为单细胞或丝状菌丝；细胞壁含有几丁质或纤维素；具有无性和有性繁殖特征的生物。

2.1.2 大型真菌macrofungus

子实体肉眼可见、徒手可采的真菌。

2.1.3 蘑菇mushroom

大型真菌的俗称。见大型真菌。按用途分为食用菌、药用菌、有毒菌和用途未知菌四大类。多数为担子菌，少数为子囊菌。

2.1.4 食用菌edible mushroom

可食用的大型真菌，常包括食药兼用和药用大型真菌。多数为担子菌，如双孢蘑菇、香菇、草菇、牛肝菌等。少数为子囊菌，如羊肚菌、块菌等。

2.1.5 药用菌medicinal mushroom

特指具药用价值并收入《中国药典》的大型真菌。如灵芝。

2.1.6 担子菌basidiomycete

有性孢子外生在担子上的真菌。如银耳、香菇等。

2.1.7 子囊菌ascomycete

有性孢子内生于子囊的真菌。如羊肚菌、块菌、虫草等。

2.1.8 伞菌agaric

泛指子实体伞状的大型真菌。如牛肝菌、金针菇等。

2.1.9　胶质菌jelly fungus

　　泛指子实体胶质的大型真菌，如木耳、银耳等。

2.1.10　霉菌mould

　　具管状菌丝营养体并产生大量孢子的小型真菌。

2.1.11　放线菌actinomycete

　　分枝丝状的单细胞原核生物。

2.1.12　酵母菌yeast

　　营出芽繁殖的单细胞真菌。

2.1.13　细菌bacterium

　　以裂殖方式繁殖的单细胞原核生物。

2.1.14　病毒virus

　　营专性寄生生活无细胞结构具核酸和蛋白质的生物。完全依靠寄主细胞代谢系统进行繁殖。

2.1.15　类病毒viroid

　　营专性寄生生活无细胞结构的核酸大分子。完全依靠寄主细胞代谢系统进行繁殖。

2.1.16　朊病毒prion

　　一种只由蛋白质组成的具有传染性的致病因子。

2.1.17　微生物microorganism

　　只有借助于显微镜才能观察到个体结构的微小或超微小的生物类群。包括细菌、放线菌、真菌、支原体、病毒、类病毒、朊病毒等。

2.1.18　生物量biomass

　　培养基质中所有生长的培养物的总量。也称生质。

2.1.19　培养culture

　　在一定环境条件下，用人工培养基使微生物生长繁殖。食用菌生产中特指创造适宜条件使菌丝生长的过程。

2.1.20　纯培养pure culture

　　只让单一微生物生长繁殖的培养或只有单一微生物的培养物。

2.1.21　继代培养subculture

　　通过移植培养使物种得以延续的方法。

2.1.22　培养基medium

　　具有适宜的理化性质，用于微生物培养的基质。

2.1.23　完全培养基complete medium

　　添加蛋白胨、酵母膏或马铃薯浸出物等天然物质的培养基。

2.1.24 选择性培养基selective medium

适合于分离和培养特定微生物的培养基。

2.1.25 合成培养基synthetic medium

全部由已知化学成分组成的培养基。

2.1.26 转化率converted efficiency

单位质量培养料的风干物质所培养产生出的子实体或菌丝体风干干重，常用百分数表示。如风干料100 kg产生了风干子实体10 kg，即为转化率10%。

2.1.27 生物学效率biological efficiency

单位质量培养料的风干物质所培养产生出的子实体或菌丝体质量（鲜重），常用百分数表示。如风干料100 kg产生了新鲜子实体50 kg，即为生物学效率50%。

2.2 形态结构

2.2.1 菌丝hypha

丝状真菌的结构单位，由管状细胞组成，有隔或无隔，是菌丝体的构成单元。

2.2.2 菌丝体mycelium

菌丝的集合体。

2.2.3 初生菌丝体primary mycelium

由担孢子萌发形成的菌丝体。多数在每个细胞内含有一个单倍体的核。也常称为单核菌丝。

2.2.4 次生菌丝体secondary mycelium

初生菌丝经细胞质融合形成的双核菌丝。也常称为双核菌丝。

2.2.5 锁状联合clamp connection

一种锁状桥接的菌丝结构，是异宗结合担子菌次生菌丝的特征。

2.2.6 假锁状联合pseudo-clamp connection

四极性异宗结合担子菌中由于A基因配套B基因不配套形成的锁状细胞，在这种锁状细胞菌丝中，细胞核不能迁移，不能正常出菇。

2.2.7 气生菌丝aerial hypha

生长在培养基表面空间的菌丝。

2.2.8 基内菌丝substrate hypha

生长在培养基内的菌丝。

2.2.9 匍匐菌丝appressed mycelium

贴生在固体培养基表面的菌丝。也称贴生菌丝。

2.2.10 丝状贴生菌丝strandy mycelium

呈线状贴生于固体培养基表面的菌丝。

2.2.11　菌落colony

在固体培养基上形成的单个生物群体。

2.2.12　菌索rhizomorph

某些真菌菌丝集结而成的绳索状结构。又称根状菌索、菌丝束。

2.2.13　原基primordium

尚未分化的原始子实体的组织团。

2.2.14　菇蕾button

由原基分化的有菌盖和菌柄的幼小子实体。

2.2.15　耳芽primordium of *Auricularia*

尚未分化子实层的木耳属真菌的幼小子实体。

2.2.16　子实体fruit body

产生孢子的真菌组织器官。如子囊果、担子果。食用菌中供食用的菇体和耳片都是子实体。

2.2.17　担子果basidiocarp

产生担子的子实体。

2.2.18　子囊果ascocarp

产生子囊的子实体。

2.2.19　子囊ascus

产生子囊孢子的囊状细胞。

2.2.20　担子basidium

担子菌发生核融合和减数分裂并产生担孢子的细胞结构。

2.2.21　孢子spore

真菌经无性或有性过程所产生的繁殖单元。

2.2.22　有性孢子sexual spore

经减数分裂而形成的孢子。如担孢子、子囊孢子。

2.2.23　无性孢子asexual spore

未经减数分裂而形成的孢子。如分生孢子。

2.2.24　子囊孢子ascospore

产生于子囊中的有性孢子。如羊肚菌的子囊孢子。

2.2.25　担孢子basidiospore

在担子上产生的有性孢子。如香菇的担孢子。

2.2.26　分生孢子conidium

一种无性孢子，通常着生于分生孢子梗上。

2.2.27　分生孢子梗conidiophore

一种着生分生孢子的特化菌丝。

2.2.28　粉孢子oidium

一种薄壁的无性孢子。通常由营养菌丝直接断裂而成。

2.2.29　芽孢子blastospore

由出芽方式形成的无性孢子。又称酵母状分生孢子。

2.2.30　厚垣孢子chlamydospore

具厚壁能抵抗不良环境的无性孢子。

2.2.31　孢子囊sporangium

包裹无性孢子的囊状细胞。

2.2.32　菌核sclerotium

由营养菌丝集结成的坚硬的能抵抗不良环境的休眠体。如茯苓、猪苓等菌丝体在地下所形成的块状物。

2.2.33　孢子印spore print

子实体上孢子散落沉积形成的菌褶或菌管着生模式的图像。也称孢子纹、孢子堆。孢子印及其颜色是伞菌分类依据之一。

2.2.34　菌盖pileus；cap

伞菌生长在菌柄上产生孢子的组织结构，由菌肉和菌褶或菌管组成，也是多数食用菌的主要食用部分。

2.2.35　菌褶lamellae；gill

垂直于菌盖下侧呈辐射状排列的片状结构，其上形成担子，产生担孢子。

2.2.36　菌管tube

子实体上着生孢子的管状结构。

2.2.37　子实层hymenium

子实体上孕育孢子的层状结构。

2.2.38　囊状体cystidium

间生在子实层中的囊状不孕细胞。又称隔胞、间胞。

2.2.39　侧丝paraphysis

生于子实层中的不孕丝状细胞。

2.2.40　菌柄stipe；stalk

上支持菌盖、下连接基质的子实体上的柱状组织结构。

2.2.41　侧生lateral

菌柄偏离菌盖中央的着生方式。

2.2.42 中生central

菌柄着生于菌盖中央的着生方式。

2.2.43 内菌幕inner veil

某些伞菌菌盖与菌柄相连接覆盖菌褶的菌膜。

2.2.44 外菌幕universal veil

包裹在整个原基或菌蕾外面的膜状物。

2.2.45 菌环annulus

某些伞菌菌柄上呈环状的内菌幕残余物。

2.2.46 菌托volva

位于菌柄基部的外菌幕残留物。也称脚苞。

2.2.47 菌肉context

菌盖上着生菌褶或菌孔的组织结构。

2.2.48 丝膜cortina

某些伞菌菌盖边缘垂下的幕状或蛛网状物。

2.2.49 菌髓trama

一些担子菌组成菌盖或产生子实层组织的中心部分。

2.2.50 菌裙indusiun

竹荪属真菌中自菌柄上部下垂的裙样网状结构。又称菌膜网。

2.2.51 产孢结构gleba

担子菌的腹菌和子囊菌的块菌中子实体内部产生孢子的组织。如竹荪的菌盖部分、黑孢块菌包被内的部分。又称造孢组织。

2.3 生理生态

2.3.1 生活史life cycle

食用菌生活史，一般是指有性孢子→菌丝→子实体→有性孢子的整个生长发育循环周期。

2.3.2 腐生saprophytism

以死的动植物体或有机质作为营养来源的生存方式。

2.3.3 腐生菌saprophyte；saprobe

以死的动植物体或有机质为营养的微生物。

2.3.4 寄生parasitism

一种生物从另一种活的生物体内摄取养分为营养来源的生存方式。

2.3.5 寄生菌parasite

从活的生物体上摄取养分的微生物。

2.3.6　共生symbiotism

两种不同的生物共同生活，彼此提供所需营养物质的互惠互利的生存方式。

2.3.7　兼性寄生facultative parasitism

以寄生为主、兼营腐生的生存方式。

2.3.8　兼性腐生facultative saprophytism

以腐生为主、兼营寄生的生存方式。

2.3.9　伴生现象commensalism

两种真菌共同生存在同一基物上，其中一种对另外一种的生长发育有促进作用。

2.3.10　木腐菌wood rotting mushroom

自然生长在木本植物上可引起木材腐烂的大型真菌。人工栽培的食用菌多数是木腐菌，如香菇、金针菇等。

2.3.11　草腐菌straw rotting mushroom

自然生长在草本植物残体上的大型真菌。人工栽培的食用菌有的是草腐菌，如草菇、双孢蘑菇。

2.3.12　白腐菌white rotting mushroom

以分解树木或木材中木质素为主要碳源，引起树木或木材白色腐朽的大型真菌。如平菇。

2.3.13　褐腐菌brown rotting mushroom

以分解树木或木材中纤维素和半纤维素为主要碳源，但不利用木质素，引起树木或木材褐色腐朽的真菌。如茯苓。

2.3.14　土生菌geophilous mushroom

自然生长在富含有机质的土壤中的各类大型真菌。如羊肚菌。

2.3.15　粪生菌coprophilous mushroom

以腐熟动物粪便为营养源的腐生大型真菌。如粪污鬼伞。

2.3.16　蘑菇圈fairy ring

蘑菇在地上呈圈状生长的现象。

2.3.17　林地蘑菇mushroom in forest land

生长在森林落叶层上的大型真菌。也称森林蘑菇。

2.3.18　菌根mycorrhiza

真菌和植物根系结合形成的共生体。

2.3.19　菌根真菌mycorrhizal fungus

能与植物根系发生互惠共生关系形成菌根的真菌。如松口蘑与赤松。由于真菌菌丝深入植物根部程度的不同又有外生菌根和内生菌根之分。

2.3.20　代谢产物metaholite

生物在新陈代谢过程中所产生的物质。

2.3.21　拮抗现象antagonism

具有不同遗传基因的菌落间互相抑制产生不生长区带或形成不同形式线形边缘的现象。

2.3.22　菌龄period of spawn running

接种后菌丝在培养基物中生长发育的时间。

2.3.23　营养生长vegetative growth

食用菌菌丝体在培养基质中吸收营养不断生长的过程。

2.3.24　生殖生长reproductive growth

食用菌菌丝体扭结形成子实体原基、分化、生长发育的全过程。

2.4　遗传育种

2.4.1　有性繁殖sexual reproduction

经过核融合和减数分裂的繁殖过程。

2.4.2　无性繁殖asexual reproduction

没有减数分裂的繁殖过程。

2.4.3　同宗结合homothallism

同一担孢子萌发的菌丝间细胞可融合并能形成子实体的有性繁殖方式。

2.4.4　初级同宗结合primary homothallism

单个单核担孢子萌发的菌丝间细胞可融合并能形成子实体的有性繁殖方式。如草菇。

2.4.5　次级同宗结合secondary homothallism

单个双核担孢子萌发的菌丝间细胞可融合并能形成子实体的有性繁殖方式。如双孢蘑菇。

2.4.6　异宗结合heterothallism

由两个可亲和性的单核菌丝相结合，产生子实体的有性繁殖方式。

2.4.7　多核菌丝multinucleate hypha

细胞中含有两个以上细胞核的菌丝。

2.4.8　单核菌丝monokaryotic hypha

细胞中含有一个细胞核的菌丝。

2.4.9　双核菌丝dikaryotic hypha

细胞中含有两个不同性遗传特征单倍细胞核的菌丝。

2.4.10　双核化dikaryotization

异宗结合担子菌中两个可亲和单核体细胞融合形成双核菌丝的过程。

2.4.11 异核现象heterokaryosis

一个细胞中含有两个或更多不同基因型的细胞核。

2.4.12 单核化monokaryotization

在原生质体制备中，获得单核原生质体的过程。

2.4.13 准性生殖parasexual reproduction

一种不经过生殖细胞而在体细胞中发生基因重组的生殖方式。

2.4.14 单、单交配mon-mon mating

食用菌中两个单核菌丝间的交配。

2.4.15 双、单交配di-mon mating

食用菌中双核菌丝与单核菌丝间的交配。

2.4.16 亲和性compatibility

异宗结合高等真菌的带有不同交配因子的单核体杂交可育的特性。

2.4.17 不亲和性incompatibility

异宗结合高等真菌的单核体间由于交配因子相同不可杂交的特性。

2.4.18 交配型mating type

根据交配因子的个体间能否完成交配结合而确定的结合类型。

2.4.19 同核体homokaryon

菌丝或孢子内含有相同基因型的细胞核。

2.4.20 异核体heterokaryon

菌丝或孢子内含有两个或更多不同基因型的细胞核。

2.4.21 质配plasmogamy

两个不同性细胞质的融合。

2.4.22 核配karyogamy

两个不同性细胞核的融合。

2.4.23 极性polarity

表示遗传因子中"性基因"的性质和数量。

2.4.24 二极性bipolarity

亲和性由一对独立分离的因子所决定。

2.4.25 四极性tetrapolarity

亲和性由两对独立分离的因子所决定。

2.4.26 基因gene

遗传物质的最小功能单位。

2.4.27 基因工程genetic engineering

对携带遗传信息的分子进行设计和施工的分子工程。又称遗传工程。

2.4.28　基因组genome

细胞中所有的DNA，包括所有的基因和基因间隔区。

2.4.29　基因文库gene library

含有全部基因组DNA片段插入克隆载体获得的分子克隆的总和。

2.4.30　转基因菇gene modified mushroom

带有外源基因的食用菌。

2.4.31　克隆clone

无性繁殖系。DNA克隆即将DNA的限制性酶切片断插入克隆载体，导入宿主细胞，经过无性繁殖，以获得相同的DNA扩增分子。

2.4.32　分子标记molecular marker

用特异DNA片段或蛋白质作为区别特征的遗传标记。

2.4.33　杂种优势hybrid vigor

杂交子代在诸多性状上表现的优于亲本的现象。

2.4.34　分离isolation

从基物、子实体、菌丝培养物中取得纯菌种的过程。

2.4.35　孢子分离spore isolation

从孢子中获得纯培养物的方法。

2.4.36　单孢分离single spore isolation

分离单个孢子获得纯培养物的方法。

2.4.37　多孢分离multispore isolation

采用分离多孢子获得纯培养物的方法。

2.4.38　组织分离tissue isolation

从子实体组织中获得纯培养物的方法。

2.4.39　基质分离substrate of isolation

从食用菌生存的基物中分离获得纯培养物的方法。

2.4.40　移植transfer

菌种从一种基物移接到另外的基物中培养的过程。

2.4.41　接种inoculation

菌种移植到培养基物中的操作。

2.4.42　接种物inoculum

用于开始培养的原始体。

2.4.43　菌种老化senescence

菌种随着培养时间的增加，生理机能衰退的现象。

2.4.44　菌种退化degeneration

菌种在生产和栽培过程中，由于遗传变异导致优良性状下降。

2.4.45　菌种复壮rejuvenation

良种繁育中防止菌种退化的技术措施。

2.4.46　驯化domestication

将野生种经过分离、培养、选择成为可以进行人工栽培品种的过程。

2.4.47　单孢杂交monosporous hybridization

利用单孢子分离物（单核菌丝体）进行配对组合，经培养筛选，选育新品种的方法。

2.4.48　多孢杂交multisporous hybridization

用多孢子随机杂交，选育新品种的方法。

2.4.49　诱变育种induced breeding

采用紫外线、X射线、γ射线照射或采用化学诱变剂处理，诱导DNA突变，获得新菌株。

2.4.50　原生质体融合protoplast fusion

通过理化方法使原生质体融合。

2.4.51　原生质体再生protoplast regeneration

原生质体重新长出细胞壁，恢复细胞形态的过程。

2.5　菌种生产

2.5.1　品种vatiety

经各种方法选育出来的具特异性、一致（均一）性和稳定性可用于商业栽培的食用菌纯培养物。

2.5.2　菌株strain

种内或变种内在遗传特性上有区别的培养物。

2.5.3　分离物isolate

未经性状鉴定和性能检验测试的培养物。

2.5.4　种性characters of variety

食用菌的品种特性。一般包括生理特性、农艺性状和商品性状。

2.5.5　混合培养mix culture

在同一个培养单元中同时培养两种或多种微生物。

2.5.6　菌种culture

生长在适宜基质上具结实性的菌丝培养物，包括母种、原种和栽培种。

2.5.7　母种stock culture

经各种方法选育得到的具有结实性的菌丝体纯培养物及其继代培养物。也称一级种、试管种。

2.5.8 原种mother spawn

由母种移植、扩大培养而成的菌丝体纯培养物。也称二级种。

2.5.9 栽培种spawn

由原种移植、扩大培养而成的菌丝体纯培养物。栽培种只能用于栽培，不可再次扩大繁殖菌种。也称三级种。

2.5.10 消毒disinfection

采用物理或化学方法消除有害微生物的方法。

2.5.11 灭菌sterilization

采用物理或化学方法杀灭一切微生物的方法。

2.5.12 无菌sterile

不含活菌体。

2.5.13 冷却cooling

将刚灭菌完毕的培养料，置于洁净通风的场所使温度下降的过程。

2.5.14 无菌操作sterile operation

在无菌条件下的操作过程。

2.5.15 萌发germination

一般指孢子长出菌丝的现象。在食用菌生产中，接种物在培养基质中恢复生长也常称为萌发。

2.5.16 生长速度growth rate

在一定条件下，单位时间内菌丝体生长的长度。常以长满容器所需的天数表示。

2.5.17 角变sectoring

因菌丝体局部变异或感染病毒而导致菌丝变细、生长缓慢、菌丝体表面特征成角状异常的现象。

2.5.18 高温圈high-temperatured line

食用菌菌种在培养过程中受高温和通气不足的不良影响，培养物出现的圈状发黄、发暗或菌丝变稀弱的现象。

2.5.19 木屑培养料sawdust substrate

以阔叶树木屑为主要原料的培养基。

2.5.20 草料培养料straw substrate

以草本植物为主要原料的培养基。

2.5.21 谷粒培养料grain substrate

以禾谷类种籽为主要原料的培养基。

2.5.22 粪草培养料compost substrate

以各种有机肥和草本植物残体为主要原料，经发酵腐熟作原料的培养基。

2.5.23 木塞培养料wood-pieces substrate

以种木为主要原料的培养基。

2.5.24 种木wood-pieces

木塞培养基中具有一定形状和大小的木质颗粒。也称种粒。

2.5.25 木屑种sawdust spawn

生长在木屑培养料上的菌种。

2.5.26 草粒种straw spawn

生长在草粒培养料上的菌种。

2.5.27 谷粒种grain spawn

生长在各种谷粒培养料上的菌种。

2.5.28 粪草种compost spawn

生长在粪草培养料上的菌种。

2.5.29 木塞种wood-pieces spawn

生长在木塞培养料上的菌种。

2.5.30 液体菌种liquid spawn

培养基为液体状态的菌种。

2.5.31 固体菌种solid spawn

生长在固体培养料上的菌种。

2.5.32 菌材mycelia colonized wood logs

以木枝或细小段木为培养基的药用菌栽培种。

2.5.33 菌种保藏culture preservation

使菌种免受其他微生物污染，保持其固有遗传、生理、形态及其各种有研究和利用价值特性的微生物学技术。

2.5.34 菌种储藏spawn storage

菌种放置在洁净、低温、通风、避光的条件下，使其免受其他微生物污染，并保持活力和使用价值的过程。

2.6 栽培

2.6.1 栽培cultivation

人工培育食（药）用菌子实体或菌核的过程。

2.6.2 菇房mushroom house

泛指具备栽培菇类条件的各类建筑物。

2.6.3 发菌室spawn-running room

培养食（药）用菌菌丝体的专用建筑物。

2.6.4 保护地栽培mushroom growing under protection

在各种园艺设施中食（药）用菌的栽培。

2.6.5 一场制one zone system

发菌和出菇在同一场地。

2.6.6 二场制two zone system

菌丝体培养和子实体培育在两个场地进行。

2.6.7 发菌场bed-logs laying yard

食用菌段木栽培中，接种后发菌的场地。

2.6.8 产菇（耳）场raising yard

食用菌段木栽培中，出菇（耳）的场地。

2.6.9 菇（耳）场mushroom yard

各种食（药）用菌栽培的场所。

2.6.10 天然菇（耳）场natural mushroom yard

利用自然林木遮阴，或略加人工改造，用于食（药）用菌段木栽培的场地。

2.6.11 荫棚mushroom shed

具遮阳、防晒、降温效果的菇棚。

2.6.12 生产季节produce season

按照气候的自然变化和食用菌生长发育对外界条件的要求，安排完成接种、菌丝培养、出菇采收一个完整生产周期的时间。

2.6.13 反季节栽培off-season cultivation

采取改换品种、调整环境条件、改变栽培方式等多项栽培措施，使自然出菇期外出菇。也称错季栽培。

2.6.14 周年栽培year-round cultivation

一年四季进行的食用菌栽培。

2.6.15 春季栽培spring cultivation

食用菌春季接种的栽培。

2.6.16 夏季栽培summer cultivation

食用菌夏季接种的栽培。

2.6.17 秋季栽培autumn cultivation

食用菌秋季接种的栽培。

2.6.18 工厂化栽培factory cultivation

利用微生物技术和现代环境工程技术，在完全人工控制环境条件下食用菌的室内周年栽培。

2.6.19　覆土栽培casing soil cultivation

完成发菌后覆盖泥炭土或泥土使之出菇。

2.6.20　生料栽培cultivation on un-sterilized substrate

利用没有经过灭菌处理的培养料进行的栽培。

2.6.21　熟料栽培cultivation on sterilized substrate

利用经灭菌处理的培养料进行的栽培。

2.6.22　发酵料栽培cultivation on compost

培养料堆积发酵后，进行食用菌栽培的方法。

2.6.23　段木栽培cut-log cultivation

利用木段栽培食（药）用菌的方法。

2.6.24　砍花栽培wood cutting cultivation

在一定季节，将树木砍倒后，用斧在原木上砍出深浅、疏密、排列不同的斜口，以承接飘浮在空中的野生香菇孢子的栽培方法。

2.6.25　代料栽培substitute cultivation

利用各种农林废弃物代替原木栽培食（药）用菌。

2.6.26　床架式栽培shelf cultivation

利用搭架分层，铺设菌床的立体栽培方式。

2.6.27　盘式栽培tray cultivation

利用浅盘作为培养容器，栽培食用菌的方式。

2.6.28　菇树trees used for mushroom growing

用来栽培食（药）用菌的树木。

2.6.29　段木log

按一定规格锯断的尚未接种的木段。

2.6.30　菇木bed-log

接种后的段木。

2.6.31　抽水water drawing

菇树砍伐后，暂不剔枝，留下枝叶以便蒸发多余的水分促进树体死亡的过程。也称"抽水"干燥。

2.6.32　剔枝trimming

菇树抽水后，将多余枝条剔除。

2.6.33　截断cutting

剔枝后将菇木按一定长度截成小段。

2.6.34　树皮盖hark cover

段木栽培时用来覆盖接种穴的树皮盖子。

2.6.35 上堆发菌pile up

把接种后的菇（耳）木按一定形式堆叠起来，使尽快发菌。

2.6.36 击木惊蕈stimulating fruiting by log taping

香菇段木栽培中，起架前敲打菇木以刺激出菇。

2.6.37 起架staking-up

把长满菌丝的菇（耳）木，按一定形式架起以利出菇（耳）。

2.6.38 主料main substrate

以满足食用菌生长发育所需要的碳源为主要目的的原料。多为木质纤维素类的农林副产品，如木屑、棉籽壳、麦秸、稻草等。

2.6.39 辅料supplement

以满足食用菌生长发育所需要的有机氮源为主要目的的原料。多为较主料含氮量高的糠、麸、饼肥、鸡粪、大豆粉、玉米粉等。

2.6.40 消毒剂disinfectant

用于杀灭介质中有害微生物，使其达到无害化要求的制剂。如甲醛、苯酚等。

2.6.41 化学添加剂chemical supplement

泛指培养料中的各种化工产品，包括化肥类、无机盐类、植物生长调节剂、杀虫剂、杀菌剂等。

2.6.42 碳氮比carbon-nitrogen ratio

培养料中碳与氮的含量比。常用英文缩写"C/N"表示。

2.6.43 预湿preliminarily wet

堆料前将培养料浇湿或浸湿的方法。

2.6.44 培养料substrate

为食用菌生长繁殖提供营养的物质。如木屑、棉籽壳、麦麸、米糠等。

2.6.45 堆肥compost

经过堆制发酵的培养料。

2.6.46 粪草料straw-manure compost

以畜禽粪和秸秆为主要原料的堆肥。

2.6.47 合成料synthetic compost

以秸秆和化肥为主要原料的堆肥。

2.6.48 堆制composting

将培养料按一定方法堆制发酵的过程。

2.6.49 发酵fermentation

培养料在微生物作用下有机质分解，产生二氧化碳、水和热量的过程。

2.6.50 发酵热fermentation heat

在发菌期间产生的热量。

2.6.51 前发酵outdoor fermentation；phase Ⅰ

培养料在室外堆制自然发酵的过程。又称室外发酵、一次发酵。

2.6.52 后发酵indoor fermentation；phase Ⅱ

经一次发酵的培养料，在室内控温条件下进行巴氏消毒的发酵过程。又称室内发酵、二次发酵。

2.6.53 发汗sweat out

培养料堆制发酵后期或二次发酵期间，自身发热，维持料温，散发热气，在表面出现水珠的现象。

2.6.54 好气发酵aerobic fermentation

培养料在通气充足状况下的发酵。

2.6.55 厌气发酵anaerobic fermentation

培养料在通气不良状况下的发酵。

2.6.56 白化现象albinism

在前发酵期间，产生的白色放线菌群。

2.6.57 堆制过度over-composting

培养料的堆制发酵时间过长，造成过分腐熟、营养流失的现象。也称发酵过度、发酵过热。

2.6.58 堆制不足under-composting

培养料的堆制时间不够，未达到腐熟程度。

2.6.59 酸败spoiling

培养料在堆制发酵或生料栽培过程中，由于环境条件控制不当，产生大量产酸微生物，导致培养料发酵腐败发酸或生料栽培发菌失败的现象。

2.6.60 翻堆turning

培养料发酵期间或接种后培养物堆叠在一起时，定期翻动调换位置。

2.6.61 进料filling

培养料前发酵结束后，运进菇房的过程。又称进房。

2.6.62 翻料turning over and mixing

培养料进房经消毒或后发酵，将培养料翻动散发游离氨、混匀、铺平的过程。又称翻架。

2.6.63 菌棒artificial bed-log

特指代料栽培食用菌接种后长有菌丝的棒状菌体。也称菌筒、人造菇木。

2.6.64 播种spawning

发酵料或生料栽培的接种方式。

2.6.65 穴播hole spawning；dibble

将菌种播种在培养料的洞穴内。

2.6.66 撒播broadcast spawning

将菌种均匀撒放在培养料上。

2.6.67 层播layer spawning

将菌种在培养料内分层播种的方式。

2.6.68 混播mixed spawning

将菌种与培养料均匀混合的播种方式。

2.6.69 条播drill spawning

将培养料挖成条形沟将菌种播入的方式。

2.6.70 播种量spawning quantity

菌种用量（湿重）与培养料干重之比，常用百分数表示。如100 kg干培养料用了10 kg菌种，即为播种量10%。又称接种量。

2.6.71 定植colonization

接种后，接种物菌丝开始向培养料中生长。俗称"吃料"。

2.6.72 覆土casing

将覆土材料覆盖在已长满菌丝的培养料表面。

2.6.73 爬菌mycelium growing up to casing

菌丝体向覆土层生长。

2.6.74 搔菌scratching

搔动培养料表面的菌丝，形成机械损伤，刺激子实体形成的技术措施。

2.6.75 退菌mycelium atrophy

在不适宜环境条件下或由于病虫害为害，菌丝体在培养基中萎缩、消亡的过程。

2.6.76 调水watering

向覆土层喷水，调节覆土湿度的操作。

2.6.77 结菇水cropping water

覆土层内菌丝体完成生长以后，间歇向覆土层喷重水，以促进菌丝体扭结形成原基的水分管理。

2.6.78 出菇水fruiting water

原基发育成至绿豆或黄豆大小的菇蕾时，间歇向覆土层喷重水，以促进子实体发育的水分管理。

2.6.79 出菇部位 fruiting depth in casing layer

子实体在覆土层内着生的深浅，出菇部位适中，利于获得优质高产。

2.6.80 发菌水 mycelium running water

越冬后，向覆土或培养料喷水，促进菌丝恢复生长。

2.6.81 菇潮 flush

在一定时间内子实体较大量集中发生的现象，菇潮在一个生长周期内可间歇发生若干次。

2.6.82 补水 supplementing water

特指子实体发生前或发生间歇期水分不足时，采用注水或浸水方式向基质中补充水分。

2.6.83 催蕾 inducement to primordium

采取控温、控湿、通风、振动及适当光照等方法促进菇蕾形成的技术措施。

2.6.84 养菌 mycelium renewing out of flush

采菇后调控环境条件，使其利于菌丝调整生理代谢、吸收和积累养分、继续生长，以利于下潮菇的发生。

2.6.85 菇床整理 bed clean

采收后将留在菇床上的子实体碎片、异物清理干净，剔除老菌丝束（老根），适当补土等的一系列操作。

2.6.86 最适温度 optimal temperature

最有利于食（药）用菌生长发育的温度。

2.6.87 最低温度 minimal temperature

食（药）用菌生长发育的温度范围的下限。

2.6.88 最高温度 maximal temperature

食（药）用菌生长发育的温度范围的上限。

2.6.89 料温 substrate temperature

培养料内的温度。

2.6.90 温差刺激 stimulating by temperature change

低温和高温相互交替作用对子实体形成的刺激。

2.6.91 菌丝徒长 over growth of hypha

培养基过富或培养温度偏高，使菌丝营养生长过于旺盛的现象。

2.6.92 菌丝结块 clumping of over grown hypha

徒长的菌丝密集成块。

2.6.93 转色 colouring

香菇菌丝在培养料内生长到一定阶段，由代谢产生色素而使表层变为褐色的过程。

2.6.94 菌皮coat

在菌种生产和代料栽培中，完成培养后或由于培养时间过长菌体表面变成的皮状物。

2.6.95 瘤状突起tumour outstanding

香菇菌丝生长达到生理成熟后，在菌皮下或菌皮表层密集，结成的瘤状物。

2.6.96 吐黄水yellow water exudation

菌丝培养期间分泌的液体，常积聚在培养基表面，呈黄色水珠状。

2.6.97 刺孔holing

在菌袋表面，刺以细孔，以利气体交换、排湿和散热的操作。

2.6.98 蹲菇mushroom repressing

将幼菇在适宜子实体生长发育温度的下限环境中持续一定时间，使其缓慢生长，以形成菌盖肥厚、菌肉致密、菌柄短粗的优质菇的过程。

2.6.99 桑椹期mulberry-like phase

米粒状连接成如桑椹的平菇原基期。

2.6.100 珊瑚期coral-like phase

平菇菌柄已出现，菌盖尚未分化的生长时期。

2.6.101 针头期pinhead phase

伞菌出菇期在培养料表层出现的白色小点状的原基原始期。

2.6.102 钮扣期button phase

伞菌的菇蕾生长到钮扣大小的时期。

2.6.103 卵形期egg phase

有外菌幕的食用菌子实体长到卵形的时期。如草菇、竹荪等。

2.6.104 伸长期elongation phase

草菇子实体外菌幕破裂，菌盖伸长的时期。

2.6.105 草被cover-hay

栽培草菇时，覆盖在已接种草堆周围的稻草层。

2.6.106 菇房管理management of mushroom house

以所栽培食用菌所需环境条件为调控目标，对菇房进行环境调节和控制的技术措施。

2.6.107 商品菇commercial mushroom

可作为商品准予进入市场的食用菌干、鲜产品。

2.7 病虫害

2.7.1 杂菌weed mould

食（药）用菌培养中引起污染的微生物。

2.7.2 侵染infection

培养物受到其他微生物的侵入感染。

2.7.3 损伤injury

培养物或菇体因受物理、化学、生物等因素的作用，使机体部分或整体受到伤害。

2.7.4 罹病fall ill

子实体因受其他微生物侵染，使机体呈现病症。

2.7.5 污染contamination

在培养过程中混有其他微生物。

2.7.6 污染源source of contamination

带有孳生杂菌、病原菌、害虫及有毒物质的场所或物体。

2.7.7 侵染性病害infective disease

食用菌受到其他生物的侵染而引起的病害。如双孢蘑菇湿泡病。也称非生理性病害。

2.7.8 生理性病害physiological disease

食用菌受不良环境条件影响而引起的病害。如高浓度二氧化碳引起的子实体畸形。也称非侵染性病害。

2.7.9 病虫害综合防治integrated control of disease and insect

以农业防治为主，生物防治、物理防治和化学防治为辅的病虫害防治措施。

2.7.10 真菌病害fungal disease

由真菌侵染引起的病害。

2.7.11 细菌病害bacterial disease

由细菌侵染引起的病害。

2.7.12 线虫病害nematode disease

由线虫侵染引起的病害。

2.7.13 病毒病害viral disease

由病毒侵染引起的病害。

2.7.14 虫蛀菇maggot damaged mushroom

带虫或有虫为害过的菇体。

2.7.15 畸形菇deformed mushroom

因受物理、化学、生物等不良因素影响形成的变形菇。

2.7.16 风斑菇wind-blown spotted mushroom

食用菌子实体因受干风吹袭，使表面出现褐斑。

2.7.17 霉烂菇spoiled mushroom

有肉眼可见的霉菌或腐败的菇。

2.7.18 黄斑菇yellow-spotted mushroom

有肉眼可见黄色病斑的菇。

2.7.19　泡水菇soaked mushroom

浸水后，使含水量超过规定标准的鲜菇。也称浸水菇。

2.7.20　薄皮开伞early opening

双孢蘑菇由于高温导致子实体盖薄，未成熟时即开伞的现象。

2.7.21　硬开伞forced opening

栽培中由于气温骤然降低，双孢蘑菇的菌盖与菌柄间裂开的现象。

2.7.22　空根白心hollow stipe

双孢蘑菇菌柄内出现白色疏松的"菌髓"或变空的现象。

2.8　保藏加工

2.8.1　保藏preservation

在一定条件下使产品不腐败不变质的储藏方式。

2.8.2　冷藏cold preservation

将产品置于适宜的低温条件下的保藏。

2.8.3　罐藏canning

把新鲜产品装入密闭容器内，注入适当浓度的液汁，密封后经灭菌处理的保藏。

2.8.4　速冻quick freezing

使产品在低温条件下迅速冻结，达到长时间冻结保藏的目的。

2.8.5　风干air drying

在自然条件下，使样品水分去除的方法。

2.8.6　烘干oven-drying

采用人工加热方法使产品脱水成为干制品。

2.8.7　吸水率ratio of absorbed water

干食用菌用水浸泡，沥干表面水分后的湿重与干重之比，常用数字表示。如1 kg黑木耳浸水泡发后湿重15 kg，其吸水率为15。也称泡发度、干湿比。

2.8.8　风干率air dry rate

鲜食用菌自然风干成干品的干鲜百分比。如1 kg鲜香菇自然风干成干香菇100 g，其风干率为10%。

2.8.9　保鲜fresh-keeping

降低产品的新陈代谢，使之保持新鲜。

2.8.10　保鲜期shelf life；marketable life

产品保持新鲜的时间范围。也称货架寿命。

2.8.11　真空保鲜vacuum refreshing

在真空条件下，使产品保持新鲜的方法。

2.8.12　辐射保鲜radiation fresh-keeping

采用一定剂量的γ、^{60}Co等射线照射产品，降低产品新陈代谢和酶活动的保鲜方法。

2.8.13　罐头菇canned mushroom

以罐装形式保存和出售的食用菌。

2.8.14　盐水菇salted mushroom

用盐渍方法保存的食用菌。

2.8.15　醋渍菇vinegar mushroom

用醋渍方法保存的食用菌。

2.8.16　整菇whole mushroom

以完整子实体做成的加工菇。

2.8.17　片菇sliced mushroom

纵切成片状的罐头菇或干菇。

2.8.18　碎菇pieces mushroom

不规则食用菌碎片（块）的加工菇。

2.8.19　菇粉mushroom powder

干菇粉碎成的粉状物。有时特指经超细粉碎的食（药）用菌干粉。

2.8.20　鲜菇fresh mushroom

采收整理后，未经任何保鲜处理直接销售的食用菌。

2.8.21　保鲜菇fresh-keeping mushroom

特指经脱水和低温技术处理并经冷链运输销售的鲜菇。

2.8.22　干菇dry mushroom

采用自然干燥或人工干燥方法加工的食用菌。

2.8.23　商品率economic rate

可上市商品与采收时产品的百分比。如采收产品100 kg，经修整后可以上市商品80 kg，商品率为80%。

2.8.24　吨耗fresh mushroom per ton

加工1 t罐头菇所需要鲜菇的质量。

2.8.25　固形物solid matter

含有固、液两相物质的罐头产品中的固相物质，常用质量分数表示。

2.8.26　冻害freezing injury

鲜菇由于冰点或冰点以下的低温引起的组织冻结而无法恢复造成的伤害。

2.8.27　冷害cooling injury

鲜菇由0 ℃以上的低温引起的组织伤害。如草菇和肺形侧耳在低温下出现的组织出水和软化。

附录4　允许使用的农药种类

一、微生物源农药

主要指农用抗生素，如用于防治螨类的浏阳霉素、华光霉素以及防治真菌病害的灭瘟素、春雷霉素（多氧霉素）、井冈霉素、农抗120、中生菌素等。

二、动植源农药

昆虫信息素（或昆虫外激素）。如性信息素。

活体制剂。寄生性、植物源农药。

杀虫剂。除虫菊素、鱼藤酮、烟碱、植物油等。

杀菌剂。大蒜素。

拒避剂。印楝素、苦楝、川楝素。

增效剂。芝麻素。

三、矿物源农药

硫制剂（如硫悬浮剂、可湿性硫、石硫合剂等）以及硫酸铜、王铜、氢氧化铜、波尔多液等。

有限度使用部分有机合成农药的原则

按A级绿色食品生产资料农药类的有机合成产品名单要求选用，并按GB 4285、GB 8321.1、GB 8321.2、GB 8321.3、GB 8321.4、GB/T8321.5、GB/T 8321.6、GB/T 8321.7的规定，控制施药量与安全隔离期，使有机合成农药在农产品中的最终残留符合最高残留限量要求。

目前，已登记的食用菌上使用的农药仅10种，具体如表1所示。

表1 已登记可在食用菌上使用的农药产品

序号	产品登记证号	产品名称	登记作物名称	防治对象名称	用药量	施用方法	生产厂家
1	LS20001214	50%咪鲜胺锰盐可湿性粉剂	蘑菇	湿泡病	0.4~0.6 g/m²	喷雾	江苏辉丰农化股份有限公司
2	LS2001627	50%咪鲜胺锰盐可湿性粉剂	蘑菇	褐腐病	0.4~0.6 g/m²	喷雾或拌土	江苏省南通江山农药化工股份有限公司
3	LS20021838	500 g/L噻菌灵悬浮剂	蘑菇	褐腐病	20~40 g/100 kg料；0.5~0.75 g/m²	拌料/喷雾	瑞士先正达作物保护有限公司
4	PD20050096	40%噻菌灵可湿性粉剂	蘑菇	褐腐病	0.3~0.4 g/m²	菇床喷雾	台湾隽农实业股份有限公司
5	PD386-2003	50%咪鲜胺可湿性粉剂	蘑菇	褐腐病、白腐病	0.4~0.6 g/m²	拌于覆盖土或喷淋菇床	德国拜耳作物科学公司
6	LS20031183	4.3%高氟氯氰·甲阿维乳油·	食用菌	菌蛆、螨	0.13~0.22 g/100 m²	喷雾	江苏省苏科农化有限责任公司
7	LS20051329	30%百福可湿性粉剂	食用菌	疣孢霉菌、木霉菌	0.09~0.18 g/m²	喷雾	江苏省苏科农化有限责任公司

（续表）

序号	产品登记证号	产品名称	登记作物名称	防治对象名称	用药量	施用方法	生产厂家
8	LS2001918	50 g/L氟虫腈悬浮剂	食用菌	菌蛆	$1.5 \sim 2.0$ g/100 m^2	喷雾	拜耳杭州作物科学有限公司
9	LS94793	30%百·二氯异氰可湿性粉剂	平菇	绿霉病	$30 \sim 50$ g/100 kg干料	拌料	山西奇星农药有限公司
10	LS95328	40%二氯异氰尿酸钠可溶性粉剂	平菇	木霉菌	$40 \sim 48$ g/100 kg干料	拌料	山西康派伟业生物科技有限公司

不允许使用的化学药剂

　　按照《中华人民共和国农药管理条例》，剧毒和高毒农药不得在蔬菜生产中使用，食用菌作为蔬菜的一类也应完全参照执行，不得在培养基质中加入此类农药。国家明令禁止使用的农药和不得在蔬菜、果树、茶叶、中草药材上使用的高毒农药品种清单如下。

　　国家明令禁止生产、销售、使用的农药（18种）：六六六、滴滴涕、毒杀芬、二溴氯丙烷、杀虫脒、二溴乙烷、除草醚、艾氏剂、狄氏剂、汞制剂、砷类、铅类、敌枯双、氟乙酰胺、甘氟、毒鼠强、氟乙酸钠、毒鼠硅。

　　在蔬菜、果树、茶叶、中草药材上不得使用的农药（19种）：甲胺磷、甲基对硫磷、对硫磷、久效磷、磷胺、甲拌磷、甲基异柳磷、特丁硫磷、甲基硫环磷、治螟磷、内吸磷、克百威、涕灭威、灭线磷、硫环磷、蝇毒磷、地虫硫磷、氯唑磷、苯线磷。

无公害食品和绿色食品质量要求

1. 无公害食品的质量要求

无公害食品的质量应达到《无公害食品　食用菌》（NY 5095—2006）所规定的感官要求、安全要求。无公害食品食用菌具体感官要求、安全要求如表1和表2所示。

表1　无公害食品食用菌感官要求

项目		要求
形状		菇形或耳片形态正常、规整
颜色		有正常食用菌固有的颜色
气味		具有该食用菌特有的气味，无异味
新鲜度		鲜食用菌采后菇形完整，具有该品种特有的质感
霉烂菇、虫蛀菇（%）		≤0.5
一般杂质（%）		≤0.5
有害杂质		不允许混入
水分指标（%）	干食用菌	≤12.0（干香菇、黑木耳除外）≤13.0（干香菇、黑木耳）
	鲜食用菌	≤91.0（鲜花菇除外）≤86.0（鲜花菇）

表2　无公害食品食用菌安全要求

单位：mg/kg

项目	干食用菌	鲜食用菌
亚硫酸盐（以SO_2计）	银耳、竹荪参照《银耳》（NY/T 834—2004）、《竹荪》（NY/T 836—2004）	
铅（以Pb计）	≤2.0	≤1.0
砷（以As计）	≤1.0	≤0.5
汞（以Hg计）	≤0.2	≤0.1
镉（以Cd计）	≤0.2（香菇除外） 香菇参照《地理标志产品 庆元香菇》（GB 9087—2008）	

（续表）

项目	干食用菌	鲜食用菌
敌敌畏	≤0.5	
溴氰菊酯	≤0.05	
多菌灵	≤1.0	
百菌清	≤1.0	

2. 绿色食品质量要求

质量应达到《绿色食品食用菌》（NY/T 749—2012）所规定的感官要求、理化及卫生指标（表3，表4）。

表3　食用菌的感官要求

项目	干	鲜
形状	菇形正常、规整	菇形正常、规整、饱满
破损菇	≤10%（野生食用菌的破损菇≤15%）	≤5%（野生食用菌的破损菇≤10%）
松紧度	—	较实、有弹性
颜色	有正常食用菌的固有颜色	
大小	均匀一致	
气味	有正常食用菌特有的香味，无酸、臭、霉等异味	
虫蛀菇	无（野生食用菌的虫蛀菇≤1%）	
霉烂菇	无	
一般杂质	无（野生食用菌的杂质≤1%）	
有害杂质	无	

表4　食用菌理化及卫生指标

项目	干食用菌	鲜食用菌
含水量（%）	≤13	≤90
砷（以As计）/（mg/kg）	≤0.5	≤0.2
汞（以Hg计）/（mg/kg）	≤0.1	≤0.03
铅（以Pb计）/（mg/kg）	≤1.0	≤0.3

（续表）

项目	干食用菌	鲜食用菌
镉（以Cd计）（mg/kg）	≤1.0	≤0.2
亚硫酸盐（以SO_2计）（mg/kg）	≤50	
六六六（HCH，BHC）（mg/kg）	≤0.1	
滴滴涕（mg/kg）	≤0.05	
氯氰菊酯（cypermethrin）（mg/kg）	≤0.05	
溴氰菊酯（deltamethrin）（mg/kg）	≤0.01	
敌敌畏（dichlorvos）（mg/kg）	≤0.1	
百菌清（chlorothalonil）（mg/kg）	≤1.0	
多菌灵（carbendazim）（mg/kg）	≤1.0	

附录8 贵州省食用菌技术标准体系明细（JS）

总序号	分序号	标准名称	标准号	备注
		通用基础标准		
	1.1	食用菌产业项目运营管理规范	GB/Z 35041—2018	
	1.2	食用菌术语	GB/T 12728—2006	
	1.3	农产品基本信息描述 食用菌类	GB/T 37109—2018	
	1.4	都市农业园区通用要求	GB/Z 32711—2016	
	1.5	农业生产资料供应服务 农资仓储服务规范	GB/T 37070—2018	
	1.6	农业良种繁育与推广 种植业良种繁育基地建设及评价指南	GB/T 36210—2018	
	1.7	农产品市场信息采集与质量控制规范	GB/T 35873—2018	
	1.8	农业废弃物综合利用 通用要求	GB/T 34805—2017	
	1.9	鲜活农产品标签标识	GB/T 32950—2016	
	1.10	农产品购销基本信息描述 总则	GB/T 31738—2015	
1	1.11	特色农业 基础术语	GB/T 31736—2015	
	1.12	农业综合标准化工作指南	GB/T 31600—2015	
	1.13	良好农业规范 第2部分：农场基础控制点与符合性规范	GB/T20014.2—2013	
	1.14	农副产品绿色零售市场	GB/T 19221—2003	
	1.15	农副产品绿色批发市场	GB/T 19220—2003	
	1.16	地下水质量标准	GB/T 14848—2017	
	1.17	污水综合排放标准	GB 8978—1996	
	1.18	灌溉与排水工程设计标准（附条文说明）	GB 50288—2018	
	1.19	土壤环境质量 建设用地土壤污染风险管控标准（试行）	GB 36600—2018	
	1.20	土壤环境质量 农用地土壤污染风险管控标准（试行）	GB 15618—2018	
	1.21	黑木耳块生产综合能耗	LY/T 2775—2016	

（续表）

总序号	分序号	标准名称	标准号	备注
		产品标准		
	2.1	食品安全国家标准 食用菌及其制品	GB 7096—2014	
	2.2	食品安全国家标准 食品营养强化剂 富硒食用菌粉	GB 1903.22—2016	
	2.3	黑木耳	GB/T 6192—2010	
	2.4	牛肝菌 美味牛肝菌	GB/T 23191—2008	
	2.5	双孢蘑菇	GB/T 23190—2008	
	2.6	平菇	GB/T 23189—2008	
	2.7	松茸	GB/T 23188—2008	
	2.8	香菇	GB/T 19087—2008	
	2.9	草菇	SB/T 10038—1993	
	2.10	压缩食用菌	GB/T 23775—2009	
	2.11	菇精调味料	SB/T 10484—2008	
	2.12	蘑菇罐头	GB/T 14151—2006	
	2.13	调味食用菌类罐头	QB/T 4706—2014	
2	2.14	香菇肉酱罐头	QB/T 4630—2014	
	2.15	滑子蘑罐头	QB/T 3619—1999	
	2.16	草菇罐头	QB/T 3615—1999	
	2.17	香菇罐头	QB/T 1399—1991	
	2.18	金针菇罐头	QB/T 1398—1991	
	2.19	猴头菇罐头	QB/T 1397—1991	
	2.20	香菇猪脚腿罐头	QB/T 1357—1991	
	2.21	竹荪	NY/T 836—2004	
	2.22	银耳	NY/T 834—2004	
	2.23	草菇	NY/T 833—2004	
	2.24	绿色食品 食用菌	NY/T 749—2018	
	2.25	毛木耳	NY/T 695—2003	
	2.26	双孢蘑菇	NY/T 224—2006	
	2.27	榛蘑	LY/T 2465—2015	

（续表）

总序号	分序号	标准名称	标准号	备注
2	2.28	森林食品　榛蘑干制品	LY/T 2133—2013	
	2.29	元蘑干制品	LY/T 1919—2018	
	2.30	保鲜黑木耳	LY/T 1649—2005	
	2.31	黑木耳块	LY/T 1207—2007	
	2.32	干制金针菇	GH/T 1132—2017	
	2.33	织金竹荪	DB52/T 545—2008	
	2.34	竹荪	DB52/T 368—1992	
	2.35	地理标志产品　大方天麻	DB52/T 1118—2016	
	2.36	德江天麻	DB52/T 566—2009	
		品牌、安全及等级标准		
3	3.1	品牌价值评价　农产品	GB/T 31045—2014	
	3.2	绿色产品评价通则	GB/T 33761—2017	
	3.3	食品安全国家标准　食品接触材料及制品通用安全要求	GB 4806.1—2016	
	3.4	无公害农产品　生产质量安全控制技术规范　第4部分：食用菌	NY/T 2798.5—2014	
	3.5	无公害食品　食用菌栽培基质安全技术要求	NY 5099—2002	
	3.6	杏鲍菇等级规格	NY/T 3418—2019	
	3.7	植物新品种特异性、一致性和稳定性测试指南　黑木耳	NY/T 2588—2014	
	3.8	秸秆栽培食用菌霉菌污染综合防控技术规范	NY/T 2064—2011	
	3.9	食用菌栽培基质质量安全要求	NY/T 1935—2010	
	3.10	平菇等级规格	NY/T 2715—2015	
	3.11	黑木耳等级规格	NY/T 1838—2010	
	3.12	白灵菇等级规格	NY/T 1836—2010	
	3.13	双孢蘑菇等级规格	NY/T 1790—2009	
	3.14	香菇等级规格	NY/T 1061—2006	
		菌种标准		
4	4.1	银耳菌种质量检验规程	GB/T 35880—2018	
	4.2	银耳菌种生产技术规范	GB/T 29368—2012	

总序号	分序号	标准名称	标准号	备注
	4.3	草菇菌种	GB/T 23599—2009	
	4.4	食用菌品种选育技术规范	GB/T 21125—2007	
	4.5	农作物品种审定规范 食用菌	NY/T 1844—2010	
	4.6	平菇菌种	GB19172—2003	
	4.7	双孢蘑菇菌种	GB19171—2003	
	4.8	香菇菌种	GB19170—2003	
	4.9	黑木耳菌种	GB19169—2003	
	4.10	杏鲍菇和白灵菇菌种	NY862—2004	
	4.11	食用菌菌种生产技术规程	NY/T 528—2010	
4	4.12	食用菌菌种检验规程	NY/T 1846—2010	
	4.13	食用菌菌种区别性鉴定 拮抗反应	NY/T 1845—2010	
	4.14	食用菌菌种真实性鉴定 RAPD法	NY/T 1743—2009	
	4.15	食用菌菌种通用技术要求	NY/T 1742—2009	
	4.16	食用菌菌种良好作业规范	NY/T 1731—2009	
	4.17	食用菌菌种真实性鉴定 ISSR法	NY/T 1730—2009	
	4.18	食用菌菌种中杂菌及害虫的检验	NY/T 1284—2007	
	4.19	食用菌品种描述技术规范	NY/T 1098—2006	
	4.20	食用菌菌种真实性鉴定　酯酶同工酶电泳法	NY/T 1097—2006	
		生产技术标准		
	5.1	香菇生产技术规范	GB/Z 26587—2011	
	5.2	银耳干制技术规范	GB/T 34671—2017	
	5.3	银耳生产技术规范	GB/T 29369—2012	
	5.4	香菇菌棒工厂化生产技术规范	NY/T 3415—2019	
5	5.5	食用菌菌渣发酵技术规程	NY/T 3291—2018	
	5.6	杏鲍菇工厂化生产技术规程	NY/T 3117—2017	
	5.7	食用菌生产技术规范	NY/T 2375—2013	
	5.8	鲍鱼菇生产技术规程	NY/T 2018—2011	
	5.9	黑木耳菌包生产技术规程	LY/T 2841—2017	

（续表）

总序号	分序号	标准名称	标准号	备注
	5.10	双孢蘑菇林下栽培技术规程	LY/T 2543—2015	
	5.11	黑木耳块生产技术规程	LY/T 1207—2018	
5	5.12	无公害食品　香菇生产技术规程	DB52/T 582—2009	
	5.13	无公害食品　杏鲍菇生产技术规程	DB52/T 560—2009	
	5.14	双孢蘑菇露地栽培技术规程	DB52/T 1321—2018	
		检验检测标准		
	6.1	食品中有机磷农药残留量的测定	GB/T5009.20—2003	
	6.2	食用菌中总糖含量的测定	GB/T 15672—2009	
	6.3	食用菌杂质测定	GB/T 12533—2008	
	6.4	食品安全国家标准　食品中致病菌限量	GB 29921—2013	
	6.5	食品安全国家标准　食品中农药最大残留限量	GB 2763—2016	
	6.6	食品安全国家标准　食品中污染物限量	GB 2762—2017	
	6.7	食品安全国家标准　食用菌中503种农药及相关化学品残留量的测定 气相色谱—质谱法	GB 3200.15—2016	
	6.8	食品安全国家标准　食用菌中440种农药及相关化学品残留量的测定　液相色谱—质谱法	GB 23200.12—2016	
6	6.9	食品安全国家标准　植物源性食品中208种农药及其代谢物残留量的测定　气相色谱—质谱联用法	GB 23200.113—2018	
	6.10	食品安全国家标准　植物源性食品中9种氨基甲酸酯类农药及其代谢物残留量的测定　液相色谱—柱后衍生法	GB 23200.112—2018	
	6.11	出口鲜松茸检验规程	SN/T 3693—2013	
	6.12	主要食用菌中转基因成分定性PCR检测方法	SN/T 2074—2008	
	6.13	出口盐渍食用菌检验规程	SN/T 0633—1997	
	6.14	出口干香菇检验规程	SN/T 0632—1997	
	6.15	出口脱水蘑菇检验规程	SN/T 0631—1997	
	6.16	进出口速冻蔬菜检验规程　第7部分：食用菌	SN/T 0626.7—2016	
	6.17	香菇中香菇素含量的测定 气相色谱—质谱联用法	NY/T 3170—2017	
	6.18	植物新品种特异性、一致性和稳定性测试指南　香菇	NY/T 2560—2014	
	6.19	植物新品种特异性、一致性和稳定性测试指南　草菇	NY/T 2525—2013	

总序号	分序号	标准名称	标准号	备注
	6.20	植物新品种特异性、一致性和稳定性测试指南　双孢蘑菇	NY/T 2524—2013	
	6.21	菇双孢蘑菇中蘑菇氨酸的测定　高效液相色谱法	NY/T 2280—2012	
	6.22	食用菌中岩藻糖、阿糖醇、海藻糖、甘露醇、甘露糖、葡萄糖、半乳糖、核糖的测定　离子色谱法	NY/T 2279—2012	
	6.23	辐照食用菌鉴定　热释光法	NY/T 2213—2012	
	6.24	食用菌中粗多糖含量的测定	NY/T 1676—2008	
6	6.25	农药田间药效试验准则　第37部分：杀虫剂防治蘑菇菌蛆和害螨	NY/T 1464.37—2011	
	6.26	农药田间药效试验准则　第10部分：杀菌剂防治蘑菇湿泡病	NY/T 1464.10—2007	
	6.27	食用菌中亚硫酸盐的测定充氮蒸馏—分光光度计法	NY/T 1373—2007	
	6.28	香菇中甲醛含量的测定	NY/T 1283—2007	
	6.29	食用菌中荧光物质的检测	NY/T 1257—2006	
		加工、采收和储运标准		
	7.1	食用菌干制品流通规范	GB/T 34318—2017	
	7.2	食用菌速冻品流通规范	GB/T 34317—2017	
	7.3	食用农产品保鲜储藏管理规范	GB/T 29372—2012	
	7.4	干香菇辐照杀虫防霉工艺	GB/T 18525.5—2001	
	7.5	食用菌流通规范	SB/T 11099—2014	
	7.6	栽培蘑菇　冷藏和冷藏运输指南	SB/T 10717—2012	
	7.7	食用菌包装及储运技术规范	NY/T 3220—2018	
7	7.8	双孢蘑菇　冷藏及冷链运输技术规范	NY/T 2117—2012	
	7.9	双孢蘑菇、金针菇储运技术规范	NY/T 1934—2010	
	7.10	食用菌热风脱水加工技术规范	NY/T 1204—2006	
	7.11	农产品物流包装材料通用技术要求	GB/T 34344—2017	
	7.12	农产品物流包装容器通用技术要求	GB/T 34343—2017	
	7.13	秀珍菇保鲜技术规程	—	拟制定
	7.14	姬松茸烘干技术规程	—	拟制定
	7.15	红托竹荪冷链物流保鲜技术规程	—	拟制定

（续表）

总序号	分序号	标准名称	标准号	备注
7	7.16	冬荪冷链保鲜技术规程	—	拟制定
	7.17	平菇冷链保鲜技术规程	—	拟制定
	7.18	香菇采后烘干技术规程	—	拟制定
	7.19	红托竹荪采后烘干技术规程	—	拟制定
	7.20	冬荪采后烘干技术规程	—	拟制定
设施设备标准				
8	8.1	植物保护机械　便携式宽幅远射程喷雾机	GB/T 24678.1—2009	
	8.2	植物保护机械　担架式宽幅远射程喷雾机	GB/T 24678.2—2009	
	8.3	种植塑料大棚工程技术规划（附条文说明）	GB/T 51057—2015	
	8.4	动力喷雾机	DG/T 009—2019	
	8.5	喷杆喷雾机	DG/T 010—2019	
	8.6	背负式喷雾喷粉机	DG/T 011—2019	
	8.7	手动喷雾器	DG/T 012—2019	
	8.8	风送喷雾机	DG/T 029—2019	
	8.9	电动喷雾器	DG/T 030—2019	
	8.10	日光温室和塑料大棚结构与性能要求	JB/T 10594—2006	
	8.11	大棚卷帘机	JB/T 11913—2014	
	8.12	单管压缩式喷雾器	NY/T 1348—2007	
	8.13	背负式动力喷雾机	NY/T 508—2002	
	8.14	压力喷雾干燥机	QB/T 1164—2000	
	8.15	压力式喷雾干燥器	QB/T 3671—1999	
	8.16	菱镁复合材料农用大棚架	WB/T 1012—2012	
	8.17	食用菌包（棒）设备试验方法	DB52/T 1365—2018	

大球盖菇商业品种特征特性

序号	品种名	选育单位	品种突出特性
1	黄球盖1号	成都市农林科学院、成都农业科技职业学院	子实体：菌盖黄色（与传统品种酒红色菌盖对比鲜明）。生育期：菌丝最适生长温度为24～28 ℃，子实体最适生长温度为12～25 ℃。从播种到采收约200 d。品质分析：粗蛋白含量高；氨基酸含量高；黄球盖1号的口感更脆嫩、营养更高
2	黑农球盖菇1号	黑龙江省农业科学院畜牧研究所	该品种具有菌丝生长健壮，抗杂能力强，菇柄粗、菌盖厚，符合市场需要，优质高产的突出特性
3	中菌金球盖1号	昆明食用菌研究所	子实体特性：子实体生长初期菌盖为金黄色，后期为浅黄色。菌褶密集排列且直生，初期白色，后期米黄色至浅灰色。适宜采收期，菌柄长度一般为8～12 cm，菌柄直径一般为4～7 cm，呈白色
4	大球盖菇1号	四川省农业科学院土壤肥料研究所	子实体菌盖赭红色，菌柄白色，菌褶污白色，子实体单重大，产量高，转潮快，生物转化率达45%，不易开伞，出菇温度广
5	山农球盖3号	—	耐高温高产菌株。该菌株能连续7 d在最高料温达27～34 ℃、最高气温达40～47 ℃条件下生长良好，无杂菌污染，40 d出菇，其产量达到14.56 kg/m^2，生物转化率为91.03%，优质菇比例为66.21%

贵州薏仁秸秆种植大球盖菇周年栽培技术规程

1 范围

本文件规定了贵州地区薏仁种植大球盖菇栽培的术语和定义、栽培季节及场地、栽培方法、采收、保鲜与储运。

本文件适用于贵州大球盖菇周年种植。

2 规范性引用文件

下列文件中的内容通过文中的规范性引用而构成本文件必不可少的条款。其中，注日期的引用文件，仅该日期对应的版本适用于本文件；不注日期的引用文件，其最新版本（包括所有的修改单）适用于本文件。

GB 5749—2006 生活饮用水卫生标准

GB/T 8321（所有部分）农药合理使用准则

GB/T 12728—2006 食用菌术语

NY/T 119—1989 饲料用小麦麸

NY/T 393—2013 绿色食品农药使用准则

NY/T 528—2010 食用菌菌种生产技术规程

NY/T 1742—2009 食用菌菌种通用技术要求

NY/T 1935—2010 食用菌栽培基质质量安全要求

NY/T 2375—2013 食用菌生产技术规范

NY 5099—2002 无公害食品食用菌栽培基质安全技术要求

3 术语和定义

GB/T 12728—2006界定的以及下列术语和定义适用于本文件。

4 大球盖菇

大球盖菇（*Stropharia rugosoannulata*），别名赤松茸、皱球盖菇等，属于担子菌门，层菌纲，伞菌目，球盖菇科，球盖菇属大型草腐类真菌。因其营养价值高，口感好，深受消费者喜爱。在生产栽培过程中，因其栽培技术要求简单，抗杂菌能力强，培养料来源丰富，成本低，经济价值高，成为菌农们喜欢栽培的食用菌之一。

5 大球盖菇生长发育所需环境条件

大球盖菇发菌菌丝需在温度21～27 ℃，培养料含水量70%～75%，CO_2浓度大于2%，通风0～1次/h的条件下培养25～45 d。菇蕾形成原基分化需要14～21 d，相对湿度95%～98%，温度10～16 ℃；CO_2浓度小于0.15%，通风4～8次/h或根据CO_2浓度而定，光照100～500 lx。子实体发育（长菇）生长需要7～14 d，相对湿度85%～95%，温度16～21 ℃，CO_2浓度小于0.15%，通风4～8次/h，光照100～500 lx，两潮出菇间隔3～4周。

5.1 栽培季节的选择

通过利用贵州的山地立体气候，贵州可实现全年种植。在11月左右，可在海拔900 m以下的低热区，如惠水，罗甸等地实现栽培；在9月左右，可在海拔1 100 m左右的贵阳、安顺等中海拔地区栽培；在6月左右，可在海拔1 600 m以上的六盘水、威宁等高海拔地区种植。各个地方可根据各地的情况选择合适的栽培时机，均以春季栽培和秋季栽培为主。

5.2 栽培场地

大球盖菇栽培模式通常有以下几种：林下栽培、菜—菇模式、空闲田地栽培。林下栽培可利用可以利用林荫下空气湿度大、光照强度低等优势，生产出品质优良的大球盖菇；还可以通过栽培后的菌渣来改善土壤条件，促进树木生长。菜—菇模式种植，如佛手瓜架下套种大球盖菇，既可以提高土地利用率，又能利用菌渣改善土壤，增强佛手瓜的养分积累。不论选取什么场地，都需保证水源的供给，有充足的空间进行栽培操作。栽培场地需平整，可用高效低毒低残留的农药对栽培场地进行杀菌防虫处理。

6 栽培方法

6.1 培养料处理

使用薏仁秸秆作为大球盖菇的培养料，将无腐烂的薏仁秸秆粉碎至长度5 cm左右，然后通过浸泡法或喷淋法来使薏仁秸秆吸足水分，使培养料的含水量达到70%左右。可用手随机抓起一把培养料，将其紧握，若有水滴连续不断滴出，表明含水量过高；若无水滴渗出，表明含水量过低；若有较少不连续的水滴，则表明含水量合适。

6.2 铺料接种

大球盖菇接种有两种方式，即起垄栽培和开沟栽培。起垄栽培将培养料平铺、接种后覆土，而开沟栽培则是先开沟，将培养料铺在沟内，然后在接种覆土。培养料铺好后即可接种，多采用梅花形点播，菌种不宜太小，以鸡蛋大小为佳，点距10 cm。接种后，再用培养料覆盖菌种，最后均匀覆土3 cm左右。若培养料较多，采用双层接种法，菌丝生长更快。

在接种过程中，需通过温度计和湿度计，及时了解培养料内的温度和湿度，培养料内温度以25 ℃为宜，最低不宜低于20 ℃，最高不宜高于30 ℃。若温度过低，可在畦面覆盖一定的秸秆保温保湿；若温度过高，可通过打孔、遮阴的方式降低温度。

7　菌丝及出菇管理

春季天气回暖以后，菌丝开始迅速生长并陆续开始进入出菇期，在温湿度条件适宜情况下，一般菌丝长满栽培料后的2周左右开始出菇。此阶段需注意栽培畦面的保湿、遮阴及通风透气。

7.1　湿度管理

菌丝生长过程中，需注意观察培养料的湿度，培养料含水量最需保持在70%左右，过湿或过干都不利于菌丝生长。如培养料含水量太低，可通过畦面间灌水的方式让水侵入培养料内，也可通过畦面打孔的方式让水尽快侵入培养料内。如培养料含水量过高，可通过调整浇水频率，通风等方式降低培养料含水量。

出菇期需保持空气湿度保持在80%左右，空气湿度过低，会影响大球盖菇的品质，空气湿度过高，容易造成幼菇和菌丝死亡，可通过向畦面喷雾来调节空气湿度。在实际生产过程中，还可以在畦面上播撒草种来调节畦面的湿度，早春播撒种子，在天气回暖时种子萌发长出嫩叶，既能保持湿度，又能降低温度。

7.2　温度管理

出菇期的气温要求保持在15～30 ℃内，可通过适当遮阳、通风、喷雾等措施进行温度调节，创造有利环境促进出菇。温度过高，蘑菇较多，但易空心，易开伞，品质较差；温度过低，则生长缓慢，品质好，菇体大，数量少，影响效益。

7.3　光照管理

出菇期的光照需求不高，子实体生长期间需要70%左右的郁闭度，若光照过强，菌盖发白，并会影响菌丝生长；若光照过弱，产生原基少，影响产量。林下栽培有树荫或佛手瓜架上有瓜叶，则不需要另外的遮光设施，但若在没有荫蔽的场地，则可通过搭遮阳网来实现所需的郁闭度。

8　采收及上市

8.1　采收标准

当子实体菌盖呈钟形、菌幕尚未破裂时，根据成熟程度、市场需求及时采收。子实体从现蕾到成熟期一般5~8 d的，低温期适当延长。

8.2 采收方法

采菇时用一手压住畦面和幼菇，另一手抓住菌脚轻轻旋转，松动后向上拔起即可，注意勿将附近的幼菇拔起。采菇后，要用周边的土将采菇后的洞回填，保护其他幼菇的成长。采收后的大球盖菇适当清理菌脚泥土后可直接鲜销，也可根据需要是市场情况进行加工处理。

8.3 采后管理

第一潮大球盖菇采收后，需注意将畦面覆土补平，促进菌丝的继续生长。若培养料含水量不够，可通过补水促进菌丝束的扭结，促进下一潮出菇。

1 范围

本文件规定了大球盖菇套种的术语和定义、产地环境要求、田间管理、蔬菜种类选择、套种技术及采收等方面的要求。

本文件适用于贵州薏仁秸秆种植大球盖菇套种其他作物。

2 规范性引用文件

下列文件中的内容通过文中的规范性引用而构成本文件必不可少的条款。其中，注日期的引用文件，仅该日期对应的版本适用于本文件；不注日期的引用文件，其最新版本（包括所有的修改单）适用于本文件。

GB 5084 农田灌溉水质标准。

GB 15618 农用地土壤污染风险管控标准。

GB/T 12728—2006 食用菌术语。

NY/T 5363—2010 无公害食品蔬菜生产管理规范。

NY/T 1935—2010 食用菌栽培基质质量安全要求。

NY/T 2375—2013 食用菌生产技术规范。

NY 5099—2002 无公害食品食用菌栽培基质安全技术要求。

3 术语和定义

GB/T 12728—2006界定的以及下列术语和定义适用于本文件。

3.1 大球盖菇

大球盖菇（*Stropharia rugosoannulata*），别名赤松茸、皱球盖菇等，属于担子菌门，层菌纲，伞菌目，球盖菇科，球盖菇属大型草腐类真菌。营养价值高，口感好，深受消费者喜爱。

3.2 套种模式

大球盖菇套种模式通常有以下几种：林下栽培、菜—菇模式。林下栽培可与经济林、果林进行套种，如松林、竹林、茶园等，充分利用林下空气湿度大、光照强度低等优势，菜—菇模式种植，如佛手瓜、白菜、玉米等。如佛手瓜架下套种大球盖菇，既可以提高土地利用率，又能利用菌渣改善土壤，增强佛手瓜的养分积累。

4 套种蔬菜

大球盖菇可与佛手瓜、苦瓜等攀缓性蔬菜作物或玉米、高粱等高秆作物进行套种，充分利用下部土地资源。蔬菜种植应符合NY/T 5363—2010无公害食品蔬菜生产管理规范。

5 林下套种

林地选择郁闭度60%~80%，株行距2 m以上，交通水源便捷，利于操作。忌选择低洼和过于阴湿的林地。应符合GB 15618的规定。

6 产地选择

产地要选择不受污染、生态环境良好的农业生产区域。环境质量应符合GB3095的要求，灌溉水质应符合GB5084的要求，土壤应符合GB15618的要求。

7 大球盖菇栽培方法

7.1 培养料处理

采用薏仁秸秆作为大球盖菇的培养料，将无腐烂的薏仁秸秆粉碎至长度5 cm左右，然后通过浸泡法或喷淋法来使秸秆吸足水分，使培养料的含水量达到70%左右。

7.2 铺料接种

将培养料平铺，然后采用梅花形点播菌种，菌种不宜太小，以鸡蛋大小为佳，点距10 cm。接种后，再用培养料覆盖菌种，最后均匀覆土3 cm左右。

7.3 菌丝及出菇管理

在发菌过程中，需通过温度计和湿度计，及时了解培养料内的温度和湿度，培养料内温度以25 ℃为宜，最低不宜低于20 ℃，最高不宜高于30 ℃，培养料含水量最需保持在70%左右。春季天气回暖以后，菌丝开始迅速生长并陆续开始进入出菇期，在温湿度条件适宜情况下，一般菌丝长满栽培料后的2周左右开始出菇。此阶段需注意栽培畦面的保湿、遮阴及通风透气。

出菇期需保持空气湿度保持在80%左右，子实体生长期间需要70%左右的郁闭度，可通过向畦面喷雾来调节空气湿度。在实际生产过程中，还可以在畦面上播撒草种来调节畦面的湿度，早春播撒种子，在天气回暖时种子萌发长出嫩叶，既能保持湿度，又能降低温度。

8 采收及上市

8.1 采收标准

当子实体菌盖呈钟形、菌幕尚未破裂时，根据成熟程度、市场需求及时采收。子实体从现蕾到成熟期一般5～8 d的，低温期适当延长。

8.2 采收方法

采菇时用一手压住畦面和幼菇，另一手抓住箘脚轻轻旋转，松动后向上拔起即可，注意勿将附近的幼菇拔起。采菇后，要用周边的土将采菇后的洞回填，保护其他幼菇的成长。

8.3 采后管理

第一潮大球盖菇采收后，需注意将畦面覆土补平，促进菌丝的继续生长。若培养料含水量不够，可通过补水促进菌丝束的扭结，促进下一潮出菇。

贵州薏仁秸秆种植大球盖菇基质发酵技术规程

1 范围

本文件规定了贵州大球盖菇薏仁秸秆预发酵的术语和定义、原料配方、发酵工艺、发酵设备、发酵质量检测要求。

本文件适用于贵州地区大球盖菇薏仁秸秆预发酵质量的控制。

2 规范性引用文件

下列文件中的内容通过文中的规范性引用而构成本文件必不可少的条款。其中，注日期的引用文件，仅该日期对应的版本适用于本文件；不注日期的引用文件，其最新版本（包括所有的修改单）适用于本文件。

GB 5749—2006 生活饮用水卫生标准

GB/T 12728—2006 食用菌术语

NY/T 119—1989 饲料用小麦麸

NY/T 5010—2016 无公害农产品种植业产地环境条件

NY/T 528—2010 食用菌菌种生产技术规程

NY/T 1742—2009 食用菌菌种通用技术要求

NY/T 1935—2010 食用菌栽培基质质量安全要求

NY/T 2375—2013 食用菌生产技术规范

NY 5099—2002 无公害食品食用菌栽培基质安全技术要求

3 术语和定义

下列术语和定义适用于本文件。

3.1 大球盖菇

大球盖菇（*Stropharia rugosoannulata*），别名赤松茸、皱球盖菇等，营养价值和经济价值较高，是球盖菇属大型草腐类真菌，可直接利用大部分农业废弃物秸秆进行栽培。

3.2 薏仁秸秆

薏苡（*Coix lacryma-jobi* L.）是禾本科、薏苡属植物。秆直立丛生，高 1~2 m；叶片扁平宽大，开展，是优良的牲畜饲料和食用菌栽培基质。

3.3 好氧发酵

好氧发菌，是指秸秆按比例配置，通过加水、翻堆等方式促进好氧性微生物活动，基质经过升温、高温、降温至温度稳定的降解过程。

4 场地选择

选择离大球盖菇栽培基地近，产地环境符合 NY/T 5010—2016 的要求，给排水方便。

5 原料选择

选用当年新鲜、干燥无霉变的薏仁秸秆。配方：98% 薏仁秸秆 +2% 生石灰。发酵所用水符合 GB 5749—2006 生活饮用水卫生标准。

6 发酵技术

6.1 发酵流程

原料配置—预湿—建堆—翻堆—摊堆。

6.2 发酵时间

发酵时间选择在大球盖菇栽培前 20 d 左右进行。

6.3 原料配置

将干燥无腐烂的薏仁秸秆粉碎至长度 5 cm 左右，备用。

6.4 原料预湿

所有原料可采用机械拌料预湿、人工加水预湿、水池浸泡等方式进行原料预湿，边加水边搅拌，直至原料全部浸透，推料下有水渗出为止，堆置 1 d。

6.5 建堆

将预湿后的原料加入生石灰按比例均匀混合，混匀后进行建堆，堆高要求 60~80 cm，宽 1 m，长度不限，薏仁秸秆含水量约为 75%。用直径 5 cm 的木棒在堆料上部、横竖间隔 30 cm 打孔，用于散温和透气，在堆内插入温度计，用于温度的监控。在晴天遮盖遮阳物，防治温度过高造成表层水分散失过快。

6.6 翻堆

建堆后第 2 天，观察堆内温度计，温度开始上升，保持观察，待堆温升至 70 ℃以上时，保持 1 d，然后开始翻堆。可利用人工、机械等方式将薏仁秸秆翻堆均匀，翻后建堆打孔，继续观察。在翻堆过程中，观察薏仁秸秆含水量，保持薏仁秸秆含水量在75%左右。

6.7 摊堆

薏仁秸秆发酵5～10 d后进入稳定期，堆温温度不再上升，保持在40 ℃以上，此时薏仁秸秆颜色加深，无酸臭味、氨味等难闻气味。发酵结束，把薏仁秸秆摊开、降温，待温度降至20 ℃以下即可使用。

7 发酵质量指标检测

发酵工艺参数见表1。

表1 发酵工艺参数

项目	外界温度（℃）	发酵周期（d）	翻堆频率	成品质量
薏仁秸秆发酵	−5～5	10～15	1次/4 d	含水量：75%；温度：≤40 ℃；pH值：5～8；无臭味，无氨味
	6～15	7～10	1次/3 d	
	16～24	4～8	1次/2 d	
	25～40	3～5	1次/1 d	